氢燃料电池构造与检修

主　编　童林军　林小娟
副主编　冯竞祥　蔡健文　江兴洋
　　　　付全有　刘群峰　陈东方
参　编　钟远婷　王　嘉　马李林
主　审　龙志军

北京理工大学出版社
BEIJING INSTITUTE OF TECHNOLOGY PRESS

内 容 简 介

　　《氢燃料电池构造与检修》是一本专门针对氢燃料电池构造、检修和维护的教材。本教材旨在为读者提供全面而系统的知识，以帮助他们理解氢燃料电池的工作原理和组成部件，并学会进行有效的检修和维护。

　　本教材分五个项目，内容包括燃料电池的分类和绿色循环特征演示实验，质子交换膜燃料电池的组成和性能，汽车氢燃料电池系统的组成及工作原理，氢燃料电池主要性能检测、系统检测和电池检测，汽车氢燃料电池的日常维护和故障排除。

　　为便于教学和学生自学，本教材配有相应的任务工单和实训工单，其中案例取自企业一线，教材内容与相关实践性教学环节联系紧密、配合默契。

　　本教材通过简明扼要的语言和图示，使读者能够迅速理解氢燃料电池的构造和工作原理，并学会进行有效的检修和维护。无论是高等院校、高职院校汽车相关专业师生、还是从事氢燃料电池相关行业的从业人员，都能从本教材中获得实用而有价值的知识。

图书在版编目(CIP)数据

氢燃料电池构造与检修 / 童林军，林小娟主编. --
北京：北京理工大学出版社，2024.2
ISBN 978-7-5763-3644-3

Ⅰ.①氢… Ⅱ.①童… ②林… Ⅲ.①氢能-燃料电
池-研究 Ⅳ.①TM911.42

中国国家版本馆 CIP 数据核字(2024)第 046787 号

责任编辑：王卓然　　文案编辑：李海燕
责任校对：周瑞红　　责任印制：李志强

出版发行 / 北京理工大学出版社有限责任公司
社　　址 / 北京市丰台区四合庄路 6 号
邮　　编 / 100070
电　　话 / (010) 68914026（教材售后服务热线）
　　　　　　 (010) 68944437（课件资源服务热线）
网　　址 / http：//www.bitpress.com.cn

版 印 次 / 2024 年 2 月第 1 版第 1 次印刷
印　　刷 / 河北盛世彩捷印刷有限公司
开　　本 / 787 mm×1092 mm　1/16
印　　张 / 14.75
彩　　插 / 1
字　　数 / 354 千字
定　　价 / 78.00 元

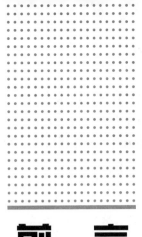

前 言

2020 年，国家能源局发布《中华人民共和国能源法（征求意见稿）》，氢能被列为能源范畴。同年 6 月氢能先后被写入《2020 年国民经济和社会发展计划》《2020 年能源工作指导意见》。氢能被视为清洁的二次能源，因其可以促进一个国家或地区实现清洁的、可持续的经济发展而受到高度关注。氢能产业已成为全球能源技术革命的重要方向，是各发达经济体未来能源战略的重要组成部分，也是交通出行领域电动化低碳零碳化发展的重要发展路径。同年 9 月，国务院办公厅正式印发《新能源汽车产业发展规划（2021—2035 年）》，明确提出到 2035 年燃料电池汽车实现商业化应用。为适应行业发展需求，特编写此教材。

本教材充分体现高职办学的特色，突出职业能力培养，内容上深入浅出，尽量减少纯理论分析，突出实践教学内容，通过任务工单、实训工单培养学生动手能力。在编写过程中，力求做到以下几点：

（1）先进性。氢燃料电池作为解决新能源汽车动力的最好方案之一，本身具备先进性，对氢燃料电池的结构、工作原理、检测、维护进行介绍。

（2）通俗性。所有图片力求简单、易懂，工作原理讲述以简单明了为出发点，深度以够用为目的，纯理论讲述少。

（3）实用性。每个项目都开发了任务工单和实训工单，给出了知识目标与能力目标，增强了训练的目的性与针对性。

本教材共五个项目，主要包括项目一燃料电池概述，项目二质子交换膜燃料电池，项目三汽车氢燃料电池系统，项目四燃料电池检测，项目五汽车氢燃料电池维护。

本教材由佛山职业技术学院汽车工程学院童林军、林小娟担任主编，冯竞祥、蔡健文、江兴洋（广东职业技术学院）、付全有、刘群峰、陈东方（北京格睿能源科技有限公司）担任副主编，钟远婷、王嘉、马李林参与本教材的编写。其中项目一由刘群峰、马李林编写，项目二由冯竞祥、钟远婷编写，项目三由童林军、王嘉编写，项目四由江兴洋、付全有、陈东方编写，项目五由林小娟、蔡健文编写。

　　本教材由佛山职业技术学院汽车工程学院龙志军院长、教授主审，并在撰写过程中得到了很多专业技术人员的无私帮助，在此深表感谢。

　　由于编者水平有限，书中疏漏之处在所难免，殷切希望广大读者对书中误漏之处，予以批评指正。

编　者

目　录

项目一

燃料电池概述

项目概述

    燃料电池不同于常规的化学电池，常规的化学电池，如锂电池是储能装置，而燃料电池不是储能装置，燃料电池起到发动机的功能，是一种能量转化装置。燃料电池的优点众多，如能量转换效率高、燃烧不产生污染物和二氧化碳、模块化结构、维护保养成本低、燃料来源广泛、续航里程长、加氢时间短等。本项目主要介绍 6 种主要燃料电池的基本原理和结构，包括碱性燃料电池、磷酸燃料电池、熔融碳酸盐燃料电池、固体氧化物燃料电池、质子交换膜燃料电池和直接甲醇燃料电池，并通过演示实验展示燃料电池发电的绿色特征。

任务一　认识燃料电池

任务目标

知识目标	能力目标
（1）了解国内外燃料电池的主要发展历程、现状和应用前景等。 （2）掌握燃料电池的特点，包括优缺点。 （3）熟悉氢燃料电池系统的基本工作原理	（1）能分析燃料电池的主要发展趋势。 （2）能分析燃料电池的发电过程。 （3）能准确书写氢燃料电池基础电极反应式

任务分析

收集生活工业应用中典型的基于燃料电池产品资料，并对产品燃料电池发电过程进行分析。

任务工单

1. 学生分组					
班级		组号		授课教师	
组长		组员			

2. 任务

（1）通过本任务的学习和教师的讲解，画出燃料电池发电的过程示意图

（2）查询资料和网站，列出市场上利用了燃料电池发电原理的现有产品

3. 合作探究

（1）小组讨论，教师参与，确定任务（1）和（2）的最优答案，并检讨自己存在的不足

（2）每组推荐一个汇报人，进行汇报。根据汇报情况，再次检讨自己的不足

4. 评价反馈

（1）自我评价

评价指标	评价内容	分数/分	分数评定
信息收集能力	能有效利用网络、图书资源查找有用的相关信息等；能将查到的信息有效地传递到学习中	10	
感知课堂生活	能在学习中获得满足感，课堂生活的认同感	10	
参与态度，沟通能力	积极主动与教师、同学交流，相互尊重、理解、平等；与教师、同学之间是否能够保持多向、丰富、适宜的信息交流	15	
	能处理好合作学习和独立思考的关系，做到有效学习；能提出有意义的问题或能发表个人见解	15	
对本课程的认识	了解本课程主要培养的能力、本课程主要培养的知识、对将来工作的支撑作用	15	
辩证思维能力	能发现问题、提出问题、分析问题、解决问题、创新问题	10	
自我反思	按时保质地完成任务；较好地掌握知识点；具有较为全面、严谨的思维能力，并能条理清楚、明晰地表达成文	25	
自评分数		100	

（2）组间互评

汇报表述	表述准确	15	
	语言流畅	10	
	准确反映该组完成任务情况	15	
内容正确度	所表述的内容正确	30	
	阐述表达到位	30	
互评分数		100	

（3）任务完成情况评价

任务完成评价	能正确表述课程的定位，缺一处扣1分	20	
	描述完成给定任务应具备的知识、能力储备分析，缺一处扣1分	20	
	描述完成给定的零件加工应该做的过程文档，缺一处扣1分	20	
	汇报时描述准确，语言表达流畅	20	
综合素质	自主研学、团队合作	10	
	课堂纪律	10	
任务完成情况分数		100	

知识链接

1.1　认识燃料电池

1.1.1　燃料电池的发展

燃料电池是一种非燃烧过程的电化学能转换装置，它能将输入的燃料，如氢气和氧气等的化学能转换为电能。燃料电池又称为连续电池。因为在电池工作过程中，参与电化学反应的活性物质主要是氢气和氧气，它们可以源源不断地输入到电池的内部，并且电池内的电极材料并没有发生变化。与传统电池的最大不同之处在于，燃料电池不是储能设备而是发电设备。相比电池这种储能装置，燃料电池将燃料的化学能转化为电能，理论上只要不断地向其提供燃料，它就可以向外电路负载连续输出电能。燃料电池与常规热机不同，它直接将化学能转化为电能，而常规的热机具有一个中间阶段，需要将化学能先转换成机械能，再转化为电能。

燃料电池的历史可以追溯到 19 世纪中期。1839 年，英国科学家威廉·格罗夫（W. Grove）发明了世界上第一座燃料电池装置，是把封有铂电极的玻璃管浸在稀硫酸中，先由电解产生氢气和氧气，然后连接外部负载，这样氢气和氧气就发生了电池反应，产生电流。下面列出燃料电池的主要发展历程。

1897 年，能斯特（W. Nernst）使用氧化锆和氧化钇的混合物（85% ZrO_2 ~ 15% Y_2O_3）作为电解质，制作成固体氧化物燃料电池。

1900 年，德国哈伯（E. Baur）研究小组发明了熔融碳酸盐燃料电池。之后，哈伯的学生又对熔融碳酸盐燃料电池进行了深入的研究。

1902 年，瑞德（J. H. Reid）等人采用碱性 KOH 溶液作为电解质，率先开始研究碱性燃料电池。

1906 年，哈伯（F. Haber）等人用一个两面覆盖铂或金的玻璃圆片作为电解质，并与供应气体的管子相连，这被认为是固态聚合物燃料电池（SPFC）的雏形，或者称为质子交换膜燃料电池。第一个 SPFC 于 1955 年由美国通用电气公司研制而成。

1932 年，在前人研究经验的基础上研制出了具有实用性的培根电池，并获得专利。

20 世纪 60 年代以来，燃料电池进入了广泛的实用性开发阶段。

1959 年，英国学者 F. T. 培根（F. T. Bacon）研制出一只 6 000 W 的碱性燃料电池。培根的研究改进后，在 1969 年，为阿波罗登月计划的宇宙飞船提供动力。培根电池使燃料电池由实验走向实用，具有里程碑意义。

1965 年，双子星座宇宙飞船采用美国通用电气公司的质子交换膜燃料电池为主电源。

20 世纪 70—80 年代，能源危机和军备竞赛极大地推动了燃料电池的发展。磷酸燃料电池电站、熔融碳酸盐燃料电池电站和固体氧化物燃料电池电站进入实际运行中。

20 世纪 90 年代以来，人类日益关注环境保护。以质子交换膜燃料电池为动力的电动汽车，直接甲醇燃料电池的便携式移动电源，高温燃料电池电站，用于潜艇和航天器的燃料电池等蓬勃发展。1999 年，美国福特汽车公司和日本丰田汽车公司分别研制出质子交换膜燃料电池电动汽车。

我国从 20 世纪 60 年代起开始从事燃料电池的研究。自科学技术部（科技部）"十五"电动汽车重大科技专项启动燃料电池汽车技术研发以来，经过 20 年的科技投入，以燃料电池汽车为氢能应用的先导，已经初步掌握氢燃料电池及其关键零部件、动力系统、整车集成和氢能基础设施等核心技术，基本形成氢气制备、储运、加注、燃料电池应用等完整产业链。但是我国在燃料电池的关键领域及核心技术上较为薄弱，且还未形成可供参考和成熟的技术标准和体系。我国目前在氢燃料电池的膜电极组件性能、电功率、启停特性、使用寿命及可靠性等核心技术上较国外领先集团还存在一定差距。此外，我国氢燃料电池成本依旧居高不下，在燃料电池的催化剂、电池极板等材料生产方面还有很大的进步空间；对氢气的存储、运输及循环等设备零件的量产能力还需不断完善和提升；我国的燃料电池汽车整体技术水平还需 5~10 年才能达到国际领先。

中国是除美、日、韩外第四大氢燃料电池汽车活跃的国家。截至 2021 年年底，推广燃料电池汽车超过 8 600 辆，建设加氢站 200 多座。中国明确了发展氢能燃料电池汽车的愿景和目标。国家发展和改革委员会、国家能源局在 2022 年发布了《氢能产业发展中长期规划（2021—2035 年）》。规划明确了氢的能源属性，确认氢是未来国家能源体系的组成部分，要充分发挥氢能清洁低碳的特点，推动交通、工业等用能终端和高耗能、高排放行业向绿色低碳转型。提出了氢能产业发展各阶段目标：到 2025 年，基本掌握核心技术和制造工艺，燃料电池车辆保有量约 5 万辆，部署建设一批加氢站，可再生能源制氢量达到 10 万~20 万吨/年，实现二氧化碳减排 100 万~200 万吨/年；到 2030 年，形成较为完备的氢能产业技术创新体系、清洁能源制氢及供应体系，有力支撑碳达峰目标实现；到 2035 年，形成氢能多元应用生态，可再生能源制氢在终端能源消费中的比例明显提升。

1.1.2 燃料电池的特点

燃料电池被认为是继水力、火力和核能发电之后的第四类发电技术。它没有像常规的火力发电机那样通过锅炉、汽轮机、发电机的能量形态变化，可以避免中间的转换损失，从而达到很高的发电效率。

燃料电池的优点如下。

（1）发电效率高。燃料电池发电不受卡诺循环的限制。理论上，燃料电池的发电效率可达到 85%~90%，但由于工作时各种极化的限制，目前燃料电池的能量转化效率为 40%~60%。若实现热电联供，燃料的总利用率可高达 80% 以上。

（2）环境污染小。燃料电池以天然气等富氢气体为燃料时，二氧化碳的排放量比热机过程减少了 40% 以上，这对缓解地球的温室效应十分重要。另外，由于燃料电池的燃料气在反应前必须脱硫，而且按电化学原理发电，没有高温燃烧过程，因此，燃料电池几乎不排放氮和硫的氧化物，可减轻对大气的污染。

（3）比能量高。理论计算表明，燃料电池所能提供的能量是同样质量锂离子电池所能提供能量的 3 倍，最大极限值是 30 倍。现在燃料电池已从早期的能量密度 50~80(W·h)/kg 提高到 1 000(W·h)/kg，比当前流行的锂离子电池能量密度 150~300(W·h)/kg 高出了许多。

（4）噪声低。燃料电池装置不含或含有很少的运动部件，工作可靠，较少需要维修，且比传统发电机组安静，工作时噪声很低。即使在 11 MW 级的燃料电池发电厂附近，测

得的噪声也低于 55 dB。

（5）燃料范围广。对于燃料电池而言，只要是含有氢原子的物质都可以作为燃料，如天然气、石油、煤炭等化石产物或是沼气、酒精、甲醇等，因此，燃料电池非常符合能源多样化的需求，可减缓主流能源的耗竭。

（6）负荷调节灵活。当燃料电池的负载有变动时，它会很快响应。无论处于额定功率以上过载运行或低于额定功率运行，它都能承受，且效率变化不大。由于燃料电池的运行高度可靠，可作为各种应急电源和不间断电源使用。

（7）易于建设。燃料电池具有组装式结构，安装维修方便，不需要很多辅助设施。燃料电池电站的设计和制造相当方便。

燃料电池的缺点如下。

（1）燃料电池造价偏高。燃料电池成本中质子交换隔膜约占成本的 35%；铂触媒约占成本的 40%，两者均为高价材料。

（2）碳氢燃料无法直接利用。除甲醇外，其他的碳氢化合物燃料均需要经过转化器、一氧化碳氧化器处理产生纯氢气后，方可供现今的燃料电池利用。

（3）氢燃料基础建设不足。加氢站的建设仍处于示范推广阶段。

（4）燃料电池造价偏高。燃料电池成本中质子交换隔膜约占成本的 35%；铂触媒约占成本的 40%，两者均为高价材料。

（5）碳氢燃料无法直接利用。除甲醇外，其他的碳氢化合物燃料均需要经过转化器、一氧化碳氧化器处理产生纯氢气后，方可供现今的燃料电池利用。

（6）氢燃料基础建设不足。加氢站的建设仍处于示范推广阶段。

1.1.3　燃料电池的应用

燃料电池既可以用于集中发电，建造大中型电站和区域性分散电站，也可以作为各种规格的分散电源、电动车及军事装备动力电源和各种可移动电源，同时也可以作为手机、笔记本电脑等供电微型便携式电源，燃料电池的研究和应用正以极快的速度在发展。

燃料电池作为中小型的电站也是一个重要的应用方向。磷酸燃料电池是中小型电站的首选。现在，2~11 MW 多种等级的成套燃料电池发电厂相继在一些发达国家建成。这些分布式的发电设备，可以解决中小区域的电力供应、停电应急、电网调峰等问题，具有很强的机动灵活性。

大型燃料电池发电设备同样受到重视。熔融碳酸盐燃料电池、固态氧化物燃料电池是大规模清洁发电站的优选对象。这种大型的燃料电池发电站的燃料来源很广，可以是天然气或煤气，如果再和常规的蒸汽轮机或燃气轮机联合使用，可将燃料利用率提高到 80% 以上。大型的燃料电池发电站既能够做到零排放保护环境，又能够提高燃料的利用率，有望取代现在的大型火力发电站。

车用燃料电池作为动力系统是目前发展最迅速，也是关注度最高的应用领域。交通运输市场包括为乘用车、巴士/客车、叉车及其他以燃料电池作为动力的车辆提供的燃料电池，例如，特种车辆、物料搬运设备和越野车辆的辅助供电装置等。燃料电池可用于电动汽车，且多数为质子交换膜燃料电池。早在 1994 年，奔驰就生产了一辆燃料电池汽车，此后众多汽车厂家纷纷投入燃料电池汽车的研发中。日韩车企最早推出产品，其中，Mirai

和 Clarity 当属燃料电池汽车领域的代表性产品。物流车领域是交通运输商业化的另一个主要领域，以燃料电池为动力的叉车是燃料电池在工业应用内最大的部门之一。用于叉车的大多数燃料电池是质子交换膜燃料电池，但也有一些由直接甲醇燃料电池提供动力的叉车进入市场。

燃料电池小型化是重要应用发展方向之一。现在已经研究并制作出了微型的燃料电池作为移动式外接电源。未来小型化的燃料电池将可以取代现有的锂电池、镍电池等，燃料电池将来可以用在常用的便携式电子设备中，如笔记本电脑、无线电话、录像机、照相机等。

1.1.4 燃料电池的工作原理

燃料电池是一种非燃烧过程的电化学能转换装置，它能将输入的燃料，如氢气和氧气等的化学能转换为电能。燃料电池又称为连续电池。因为在电池工作过程中，参与电化学反应的活性物质主要是氢气和氧气，它们可以源源不断地输入到电池的内部，并且电池内的电极材料并没有发生变化。与传统电池的最大不同之处在于，燃料电池不是储能设备而是发电设备。相比常规的化学电池这种储能装置，燃料电池将燃料的化学能转化为电能，理论上只要不断地向其提供燃料，它就可以向外电路负载连续输出电能。燃料电池与常规热机不同，它直接将化学能转化为电能，而常规的热机具有一个中间阶段，需要将化学能先转换成机械能，再转化为电能。

燃料电池是一种能量转化装置，它是按电化学原理，即原电池工作原理，等温地把储存在燃料和氧化剂中的化学能直接转化为电能，因此，实际过程是氧化还原反应。通过氧化还原反应而产生电流的装置称为原电池，也可以说是将化学能转变成电能的装置。发生在以电子导体（如金属）与离子导体（如电解质溶液）接触界面上的氧化还原反应为基础。

这里以氢氧燃料电池为例来说明燃料电池原理，这个反应是电解水的逆过程。氢氧燃料电池电极反应为

阳极 $\qquad H_2 + 2OH^- \longrightarrow 2H_2O + 2e^-$ （1-1）

阴极 $\qquad O_2 + 2H_2O + 4e^- \longrightarrow 4OH^-$ （1-2）

电池反应 $\qquad 2H_2 + O_2 \Longrightarrow 2H_2O$ （1-3）

在燃料电池中，外电路为电子导电，电解质溶液中为离子导电。

根据原电池的原理进行燃料电池过程分析（见图1-1）：燃料气（氢气、甲烷等）在阳极催化剂的作用下发生氧化反应，生成阳离子并给出自由电子；氧化物（通常为氧气）在阴极催化剂的作用下发生还原反应，得到电子并产生阴离子；阳极产生的阳离子或阴极产生的阴离子通过质子导电而电子绝缘的电解质运动到相对应的另一个电极上，生成反应产物，并随未反应完的反应物一起排到电池外，与此同时，电子通过外电路由阳极运动到阴极，使整个反应过程达到物质的平衡与电荷的平衡，外部用电器就获得了燃料电池所提供的电能。

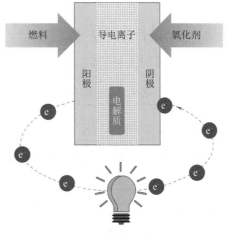

图1-1　燃料电池原理示意

 任务二　燃料电池的分类

任务目标

知识目标	能力目标
（1）了解碱性燃料电池燃料的基本原理、结构和性能。 （2）掌握磷酸燃料电池燃料的基本原理、结构和性能。 （3）掌握熔融碳酸盐燃料电池燃料的基本原理、结构和性能。 （4）熟悉固体氧化物燃料电池燃料的基本原理、结构和性能。 （5）熟悉质子交换膜燃料电池燃料的基本原理、结构和性能。 （6）掌握直接甲醇燃料电池燃料的基本原理、结构和性能	（1）能分析不同类型氢燃料电池系统的基本结构和性能。 （2）能根据不同的应用场景合理选择燃料电池类型

任务分析

区分碱性燃料电池、磷酸燃料电池、熔融碳酸盐燃料电池、固体氧化物燃料电池、质子交换膜燃料电池和直接甲醇燃料电池的不同特点，根据不同的应用场景合理选择燃料电池类型。

任务工单

1. 学生分组					
班级		组号		授课教师	
组长		组员			

2. 任务

（1）根据不同种类电池的特点，请分析哪种燃料电池适合车载燃料电池应用

（2）根据不同种类电池的特点，请分析哪种燃料电池适合分布式发电应用

3. 合作探究

（1）小组讨论，教师参与，确定任务（1）和（2）的最优答案，并检讨自己存在的不足

（2）每组推荐一个汇报人，进行汇报。根据汇报情况，再次检讨自己的不足

4. 评价反馈

（1）自我评价

评价指标	评价内容	分数/分	分数评定
信息收集能力	能有效利用网络、图书资源查找有用的相关信息等；能将查到的信息有效地传递到学习中	10	
感知课堂生活	能在学习中获得满足感，课堂生活的认同感	10	
参与态度，沟通能力	积极主动与教师、同学交流，相互尊重、理解、平等；与教师、同学之间是否能够保持多向、丰富、适宜的信息交流	15	
	能处理好合作学习和独立思考的关系，做到有效学习；能提出有意义的问题或能发表个人见解	15	
对本课程的认识	了解本课程主要培养的能力、本课程主要培养的知识、对将来工作的支撑作用	15	
辩证思维能力	能发现问题、提出问题、分析问题、解决问题、创新问题	10	
自我反思	按时保质地完成任务；较好地掌握知识点；具有较为全面、严谨的思维能力，并能条理清楚、明晰地表达成文	25	
自评分数		100	

（2）组间互评

汇报表述	表述准确	15	
	语言流畅	10	
	准确反映该组完成任务情况	15	
内容正确度	所表述的内容正确	30	
	阐述表达到位	30	
互评分数		100	

（3）任务完成情况评价

任务完成评价	能正确表述课程的定位，缺一处扣1分	20	
	描述完成给定任务应具备的知识、能力储备分析，缺一处扣1分	20	
	描述完成给定的零件加工应该做的过程文档，缺一处扣1分	20	
	汇报时描述准确，语言表达流畅	20	
综合素质	自主研学、团队合作	10	
	课堂纪律	10	
任务完成情况分数		100	

知识链接

1.2 燃料电池的分类

燃料电池可按照其电解质类型、工作温度或使用的燃料来分类。燃料电池的电解质决定电池的操作温度和在电极中使用何种催化剂，以及对燃料的要求。按燃料电池的电解质分为碱性燃料电池（Alkaline Fuel Cell，AFC）、质子交换膜燃料电池（Proton Exchange Membrane Fuel Cell，PEMFC）、磷酸燃料电池（Phosphoric Acid Fuel Cell，PAFC）、熔融碳酸盐燃料电池（Molten Carbonate Fuel Cell，MCFC）、固体氧化物燃料电池（Solid Oxide Fuel Cell，SOFC）和直接甲醇燃料电池（Direct Methanol Fuel Cell，DMFC）。

燃料电池按其工作温度的不同，把碱性燃料电池（工作温度为 100 ℃）、质子交换膜燃料电池（工作温度小于 100 ℃）和磷酸燃料电池（工作温度为 200 ℃）称为低温燃料电池；把熔融碳酸盐燃料电池（工作温度为 650 ℃）和固体氧化物燃料电池（工作温度为 1 000 ℃）称为高温燃料电池。

1.2.1 碱性燃料电池

氢燃料电池的负极是氢气及其催化剂一端，正极是氧气及其催化剂一端，中间是电解质。如果电解质是碱性的，就称为碱性燃料电池。碱性燃料电池是最早进入实用阶段的燃料电池之一，碱性燃料电池最早是由美国航空航天局开发并获得成功应用的燃料电池，早在 20 世纪 60 年代就在航空航天领域达到了实用化阶段，被用于美国阿波罗登月宇宙飞船和航天飞机。也是最早用于车辆的燃料电池，1966 年通用汽车公司的工程师为了零碳排放的目标，造出世界上第 1 辆燃料电池车——Electrovan，采用的就是碱性燃料电池。

碱性燃料电池以强碱（通常为 KOH）溶液作为电解质，利用 OH^- 作为电池内部的载流子。其电极反应为

阳极 $\qquad\qquad\qquad H_2+2OH^-\longrightarrow 2H_2O+2e^-$ $\qquad\qquad\qquad$ (1-4)

阴极 $\qquad\qquad\qquad O_2+2H_2O+4e^-\longrightarrow 4OH^-$ $\qquad\qquad\qquad$ (1-5)

碱性燃料电池的工作原理（见图 1-2）：把氢气和氧气分别供给阳极和阴极，氢气在阳极的催化剂作用下电解为氢离子并放出电子，氢离子经电解质层发生扩散和传递到阴极，电子从阳极经外回路到达阴极，氢离子和氧气在阴极得到电子并发生反应而生成水，电子从阳极到阴极形成外电路发电。

由于极化作用，一个单电池的工作电压仅为 0.6~1.0 V，为满足用户的需要，需要将多节单电池组合起来，构成一个电池组。

碱性燃料电池的工作温度大约为 80 ℃，启动很快，但其电能密度却比质子交换膜燃料电池的密度低得多，在汽车中使用显得相当笨拙。碱性燃料电池是燃料电池中生产成本最低的一种电池，因此，可用于小型的固定发电装置。由于碱性燃料电池的电解质为碱性溶液，在实际应用中，如果采用空气作为氧化剂，碱性燃料电池的使用寿命就会受到空气中二氧化碳的影响而大大降低。因此，碱性燃料电池通常以纯氧气作为氧化剂，这使碱性燃料电池商业应用的成本提高。因此，碱性燃料电池目前只应用于一些特殊领域，商业应用率不高。

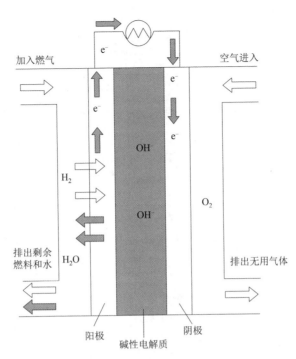

图 1-2 碱性燃料电池的工作原理

1.2.2 磷酸燃料电池

磷酸燃料电池使用液体磷酸为电解质，通常位于碳化硅基质中。磷酸燃料电池的工作温度要比质子交换膜燃料电池和碱性燃料电池的工作温度略高，在150~200 ℃，但仍需电极上的铂金催化剂来加速反应。磷酸燃料电池的阳极和阴极上的反应与质子交换膜燃料电池相同，但由于其工作温度较高，所以其阴极上的反应速度要比质子交换膜燃料电池的阴极的速度快。磷酸燃料电池由于商业化应用和批量生产较早，又称第一代燃料电池。

磷酸燃料电池中采用的是100%磷酸（常温下是固体，相变温度是42 ℃）作为电解质，利用 H^+ 作为电池内部的载流子。电极反应为

阳极 $\qquad$ $H_2 \longrightarrow 2H^+ + 2e^-$ $\qquad$ (1-6)

阴极 $\qquad$ $4H^+ + O_2 + 4e^- \longrightarrow 2H_2O$ $\qquad$ (1-7)

总反应 $\qquad$ $2H_2 + O_2 \longrightarrow 2H_2O$ $\qquad$ (1-8)

磷酸燃料电池的反应原理（见图1-3）：氢气燃料被加入阳极，在催化剂作用下氧化成为氢质子，同时释放出自由电子；电子向阴极运动，氢质子通过磷酸电解质向阴极移动；因此，在阴极上，电子、氢质子和氧气在催化剂的作用下生成水分子。

磷酸燃料电池的特点如下。

（1）不需要纯氢作燃料，具有构造简单、稳定，电解质挥发度低，廉价的电解液和合理的启动时间等优点。

（2）工作温度略高，位于150~200 ℃。工作压力为0.3~0.8 MPa，单电池的电压为0.65~0.75 V。较高的工作温度使其对杂质的耐受性较强。

（3）150 ℃以上的高运行温度会引起燃料电池堆升温相伴随的能量损耗。

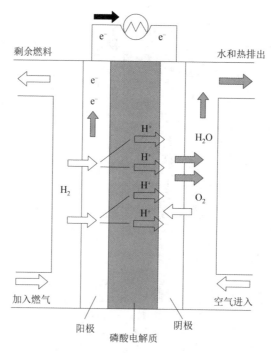

图 1-3　磷酸燃料电池的反应原理

（4）磷酸电解液的温度必须保持在 42 ℃（磷酸冰点）以上，冻结的和再解冻的磷酸难以使燃料电池堆激化。

（5）磷酸燃料电池的缺点是催化剂价格高（比如铂）、酸性电解液的腐蚀性、二氧化碳的毒化。磷酸燃料电池的效率比其他燃料电池的效率低，约为 40%，其加热时间也比质子交换膜燃料电池时间长。

由于不受二氧化碳限制，磷酸燃料电池可以使用空气作为阴极反应气体，也可以采用重整气作为燃料，因此，它非常适合用作固定电站。发电厂、现场发电、车辆、小容量可移动电源及其他领域（如军事领域等）是磷酸燃料电池的主要应用领域。磷酸燃料电池是目前单机发电量最大的燃料电池之一，50～200 kW 功率的磷酸燃料电池可供现场应用，1 000 kW 功率以上的磷酸燃料电池可应用于区域性电站。目前在美国、加拿大、欧洲和日本建立的大于 200 kW 的磷酸燃料电池电站已运行多年，4 500 kW 和 11 000 kW 的电站也开始运行。

1.2.3　熔融碳酸盐燃料电池

熔融碳酸盐燃料电池是以熔融的碳酸盐为电解质的燃料电池，由多孔陶瓷阴极、多孔陶瓷电解质隔膜、多孔金属阳极、金属极板构成。熔融碳酸盐燃料电池的电解质一般为碱金属 Li、K、Na 和 Cs 的碳酸盐混合物，隔膜材料是 $LiAlO_2$，正极和负极分别为添加锂的氧化镍和多孔镍。熔融碳酸型燃料电池又称第二代燃料电池。

熔融碳酸盐燃料电池的电解质为熔融碳酸盐，利用 CO_3^{2-} 作为电池内部的载流子，其电极反应为

阴极 $\qquad\qquad\qquad O_2+2CO_2+4e^- \longrightarrow 2CO_3^{2-}$ (1-9)

阳极 $\qquad\qquad 2H_2+2CO_3^{2-}-4e^- \longrightarrow 2CO_2+2H_2O$ (1-10)

熔融碳酸盐燃料电池的工作原理（见图1-4）：燃料流中的H_2在阳极发生氧化反应，与电解质中的CO_3^{2-}离子作用生成H_2O和CO_2，释放出$4e^-$电子；氧化剂流中的O_2在阴极和CO_2作用，并捕获电子，生成CO_3^{2-}进入电解质，CO_3^{2-}游离扩散到燃料流的阳极，补充消耗的CO_3^{2-}，阳极产生的电子通过外电路流到阴极，从而构成了一个包括电子传输和离子移动在内的完整回路。

为确保电池稳定、连续地工作，必须使阳极产生的CO_2返回到阴极。通常，熔融碳酸盐燃料电池工作过程中CO_2循环，将阳极室排出的尾气燃烧，消除其中的氢和一氧化碳，经分离除水，再将CO_2返回到阴极。

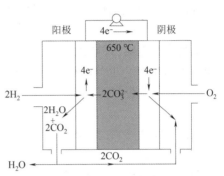

图1-4 熔融碳酸盐燃料电池的工作原理

熔融碳酸盐燃料电池的优点如下。

（1）熔融碳酸盐燃料电池是一种高温电池（600~700 ℃），工作温度较高，反应速度加快。

（2）对燃料的纯度要求相对较低，可以对燃料进行电池内重整。

（3）不需贵金属催化剂，成本较低。

（4）采用液体电解质，较易操作。

熔融碳酸盐燃料电池的不足包括，以Li_2CO_3及K_2CO_3混合物为电解质，高温条件下液体电解质的管理较困难，长期操作过程中，腐蚀和渗漏现象严重，降低了电池的寿命。熔融碳酸盐燃料电池也可以使用NiO作为多孔阴极，但由于NiO溶于熔融的碳酸盐后，会被H_2、CO还原为Ni，容易造成短路；CO_2的循环系统增加了结构和控制的复杂性。

熔融碳酸盐燃料电池在建立高效、环境友好的50~10 000 kW的分散电站方面具有显著优势。熔融碳酸盐燃料电池以天然气、煤气和各种碳氢化合物为燃料，可以实现减少40%以上的CO_2排放，也可以实现热电联供或联合循环发电，将燃料的有效利用率提高到70%~80%。发电能力在50 kW左右的小型熔融碳酸盐燃料电池电站，主要用于地面通信和气象台站等；发电能力在200~500 kW的熔融碳酸盐燃料电池中型电站，可用于水面舰船、机车、医院、海岛和边防的热电联供；发电能力在1 000 kW以上的熔融碳酸盐燃料电池大型电站，可与热机联合循环发电，作为区域性供电站，还可以与市电并网。

1.2.4 固体氧化物燃料电池

固体氧化物燃料电池是指使用固体氧化物作为电解质且在高温下工作的燃料电池。固体氧化物燃料电池通常使用氧化钇、氧化锆等固态陶瓷电解质，是一种全固体燃料电池。其工作温度介于800~1 000 ℃。固体氧化物燃料电池属于第三代燃料电池，是燃料电池中理论能量密度最高的一种。

固体氧化物燃料电池主要由阴极、阳极和致密的电解质构成，通常以固体氧化物作为电解质，固体氧化物燃料电池的电解质是复合氧化物，是以陶瓷材料为主构成的，最常用的是氧化钇或氧化钙掺杂的氧化锆，ZrO_2（氧化锆）构成了O^{2-}的导电体，Y_2O_3（氧化钇）作为稳定氧化锆（YSZ）而采用。这类电解质材料在高温（800～1 000 ℃）下具有 O^{2-} 导电性，因为在掺杂的复合氧化物中形成了 O^{2-} 晶格空位，在电位差和浓度差的驱动下 O^{2-} 可以在陶瓷材料中迁移。这种氧化物在电池中可以起传递 O^{2-}、分离燃料和空气的作用。固体氧化物燃料电池电解质电极中阳极采用 Ni 与 YSZ 复合多孔体构成金属陶瓷，阴极采用 $LaMnO_3$（氧化锰镧），隔板采用 $LaCrO_3$（氧化铬镧）。

固体氧化物燃料电池的电解质为固体氧化物，利用 O^{2-} 作为电池内部的载流子，其电极反应如下。

在阴极（空气电极）上，氧分子得到电子，被还原成氧离子，即

$$O_2+4e^- \longrightarrow 2O^{2-} \tag{1-11}$$

氧离子在电池两侧氧浓度差驱动力的作用下，通过电解质中的氧空位定向跃迁迁移到阳极（燃料电极）上与燃料进行氧化反应。

当以氢气为燃料时，即

$$2O^{2-}+2H_2 \longrightarrow 2H_2O+4e^- \tag{1-12}$$

或以甲烷为燃料时，即

$$4O^{2-}+CH_4 \longrightarrow 2H_2O+CO_2+8e^- \tag{1-13}$$

阳极反应放出的电子通过外电路回到阴极，生成的产物从阳极排出。电池的总反应为

$$2H_2+O_2 \longrightarrow 2H_2O \tag{1-14}$$

或

$$CH_4+2O_2 \longrightarrow 2H_2O+CO_2 \tag{1-15}$$

固体氧化物燃料电池的工作原理（见图 1-5）：在固体氧化物燃料电池的阳极一侧持续通入燃料气（如氢气、甲烷、城市煤气等），具有催化作用的阳极表面吸附燃料气体，并通过阳极的多孔结构扩散到阳极与电解质的界面；在阴极一侧持续通入氧气或空气，具有多孔结构的阴极表面吸附氧，由于阴极本身的催化作用，使 O_2 得到电子变为 O^{2-}，在化学势的作用下，O^{2-} 进入起电解质作用的固体氧离子导体，由于浓度梯度引起扩散，最终到达固体电解质与阳极的界面，与燃料气体发生反应，失去的电子通过外电路回到阴极，从而构成了一个包括电子传输和离子移动在内的完整回路。

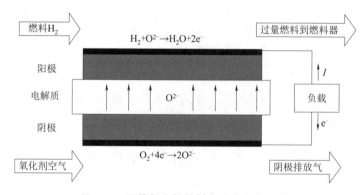

图 1-5　固体氧化物燃料电池的工作原理

由于是全固体的结构，固体氧化物燃料电池是具有多样性的电池结构，可以满足不同的要求。目前有很多种关于固体氧化物燃料电池单电池的结构设计，它们在几何形状、功率密度、密封方法上都不同。不同结构类型的固体氧化物燃料电池在结构、性能及制备等

方面各具优缺点，其中，最普遍的两种设计是平板式和管式，如图 1-6 所示。

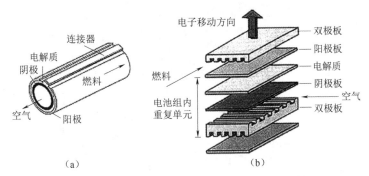

图 1-6　固体氧化物燃料电池单电池的两种结构简图
（a）管式；（b）平板式

固体氧化物燃料电池除了具有效率高、污染小的优点外，还具有以下独特的技术优势。

（1）拥有较高的电流密度和功率密度。

（2）损失主要集中在电解质内的阻降，阴极、阳极的极化可忽略。

（3）对燃料的适应性强，可直接使用氢气、烃类（如甲烷）、甲醇等作为燃料，而不必使用贵金属作为催化剂。

（4）燃料利用率高，能量利用率高达 80% 左右，且能提供高质余热，实现热电联产，是一种十分清洁高效的能源系统。

（5）广泛采用陶瓷材料作电解质、阴极和阳极，具有全固态结构，不存在对漏液、腐蚀的管理问题。

（6）陶瓷电解质要求中高温运行（600～1 000 ℃），不仅可以加快电池的反应进行，还可以实现多种碳氢燃料气体的内部还原，简化设备。

（7）固体氧化物燃料电池的功率密度达到 1 MW/m³，对块状设计来说有可能高达 3 MW/m³。

固体氧化物燃料电池可用于发电、热电回用、交通、空间宇航和其他许多领域，称为 21 世纪的绿色能源。

1.2.5　质子交换膜燃料电池

质子交换膜燃料电池在原理上相当于水电解的"逆"装置。其单电池由阳极、阴极和质子交换膜组成，阳极为氢燃料发生氧化的场所，阴极为氧化剂还原的场所，两极都含有加速电极电化学反应的催化剂，质子交换膜作为电解质。

质子交换膜燃料电池的电解质为质子导电性聚合物膜，利用 H^+ 作为电池内部的载流子，发生的电极反应为

阳极	$H_2 \longrightarrow 2H^+ + 2e^-$	(1-16)
阴极	$4H^+ + O_2 + 4e^- \longrightarrow 2H_2O$	(1-17)
总反应	$2H_2 + O_2 \longrightarrow 2H_2O$	(1-18)

质子交换膜燃料电池的工作原理（见图 1-7）：在燃料极中，供给的燃料气体中的 H_2 分解成 H^+ 和 e^-，H^+ 移动到电解质中与空气极侧供给的 O_2 发生反应；e^- 经由外部的负荷回

路，再返回空气极侧，参与空气极侧的反应，从而构成了一个包括电子传输和离子移动在内的完整回路。

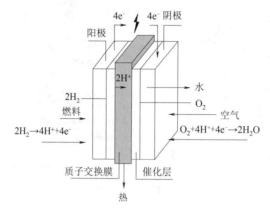

图 1-7　质子交换膜燃料电池的工作原理

质子交换膜燃料电池具有以下优点。

（1）其发电过程不涉及氢氧燃烧，因此，不受卡诺循环的限制，能量转换率高。

（2）发电时不产生污染，发电单元模块化，可靠性高，组装和维修都很方便，工作时也没有噪声。

（3）工作温度低、启动快、比功率高等，被公认为电动汽车、固定发电站等的首选能源。

（4）具有全固态结构，固体质子交换膜对电池其他部件都无腐蚀作用，不存在对漏液、腐蚀的管理问题。

质子交换膜燃料电池还存在以下缺点。

（1）质子交换膜燃料电池是以铂族贵金属作为电催化剂，这导致质子交换膜燃料电池成本高。

（2）质子交换膜燃料电池性能受到质子交换膜水含量与温度的影响比较显著，致使水热管理系统复杂。

（3）质子交换膜燃料电池的催化剂的催化活性对 CO 等杂质非常敏感，因此，要求燃料净化程度高。

（4）质子交换膜燃料电池可回收余热的温度远低于其他类型燃料电池（碱性燃料电池除外），只能以热水方式回收余热。

质子交换膜燃料电池虽然发展时间较短，但其较低的运行温度及灵活的设计结构使质子交换膜燃料电池在从移动的汽车电源到一般电源等领域都有着广泛的应用。质子交换膜燃料电池用作汽车动力已经商业化，质子交换膜燃料电池已经成为用于燃料电池车辆的首选电池。

此外，质子交换膜燃料电池还可以用于便携式电源领域和固定式发电领域。采用质子交换膜燃料电池氢能发电将大大提高重要装备及建筑电气系统的供电可靠性。

1.2.6　直接甲醇燃料电池

直接甲醇燃料电池是质子交换膜燃料电池的一种改进类型，它直接使用甲醇而不需要预先重整。相较于质子交换膜燃料电池，直接甲醇燃料电池具备低温快速启动、燃料洁净环保及电池结构简单等特性。直接甲醇燃料电池工作原理与常规的以氢为燃料的质子交换膜燃料电池基本相同，不同之处在于直接甲醇燃料电池的燃料为甲醇（主要是液态，也可以是气态），氧化剂仍是氧或空气，工作温度为 50~100 ℃。

直接甲醇燃料电池以质子交换膜为电解质，利用 H^+ 作为电池内部的载流子，电极反应为

阳极　　　　　　　$CH_3OH+H_2O \Longrightarrow CO_2+6H^++6e^-$　　　　　　　　　(1-19)

阴极　　　　　　　$3O_2+12H^++12e^- \Longrightarrow 6H_2O$　　　　　　　　　　　(1-20)

总反应　　　　　　$2CH_3OH+3O_2 \Longrightarrow 2CO_2+4H_2O$　　　　　　　　　(1-21)

直接甲醇燃料电池的工作原理（见图 1-8）：从阳极通入的甲醇在催化剂的作用下转换成二氧化碳和质子，并释放出电子，质子通过质子交换膜传输至阴极，与阴极的氧气结合生成水；在此过程中产生的电子通过外电路到达阴极，形成传输电流，从而构成了一个包括电子传输和离子移动在内的完整回路。

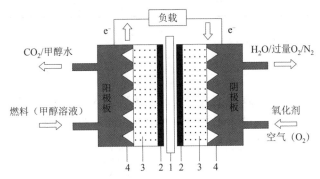

图 1-8　直接甲醇燃料电池的工作原理

1—质子交换膜；2—催化层；3—扩散层；4—极板流场

直接甲醇燃料电池的优点：这种电池直接使用甲醇水溶液或甲醇蒸汽为燃料供给来源，而不需要通过甲醇、汽油及天然气的重整制氢以供发电；相对于质子交换膜燃料电池，直接甲醇燃料电池具备燃料使用便利、低温快速启动、燃料洁净环保及电池结构简单、理论能量比较高等优点。这使直接甲醇燃料电池可能成为未来便携式电子产品应用的主流。

直接甲醇燃料电池的缺点：当甲醇低温转换为氢和二氧化碳时要比常规的质子交换膜燃料电池需要更多的铂金催化剂；能量转化率低，其效率大约是 40%；性能衰减快、成本高。

目前直接甲醇燃料电池的商业化受到两个条件的限制：一是甲醇阳极反应的动力学速度比氢气要缓慢很多；二是甲醇会透过电解质膜，在阴极上发生氧化反应，降低电池电压和燃料的利用率。因此，必须研究和开发新的阳极催化剂，有效地提高甲醇的电化学氧化速度；研究和制备低甲醇透过的电解质膜及耐甲醇的阴极催化剂，才能使直接甲醇燃料电池在运输领域、便携式工具和分布式电站等方面的实用化取得显著的进步。

 任务三　燃料电池的绿色循环特征演示实验

任务目标

知识目标	能力目标
（1）熟悉燃料电池发电的主要应用场景。 （2）了解氢燃料电池的逆过程：电解水。 （3）了解太阳能发电—电解水—氢燃料电池发电—水的绿色循环过程	（1）能初步设计燃料发电实验。 （2）能进行燃料电池发电的演示。 （3）能培养建立绿色能源的思想

任务分析

设计一个通过燃料电池实现的完整的氢绿色循环过程，并进行太阳能发电—电解水—氢燃料电池发电—驱动燃料电池小车并产生水的绿色循环演示实验。

任务工单

1. 学生分组					
班级		组号		授课教师	
组长		组员			

2. 任务

（1）请设计关于氢燃料电池的能源绿色循环路线

（2）根据设计的路线，进行氢燃料电池相关的氢能绿色循环演示实验

3. 合作探究

（1）小组讨论，教师参与，确定任务（1）和（2）的最优答案，并检讨自己存在的不足

（2）每组推荐一个汇报人，进行汇报。根据汇报情况，再次检讨自己的不足

4. 评价反馈

（1）自我评价

评价指标	评价内容	分数/分	分数评定
信息收集能力	能有效利用网络、图书资源查找有用的相关信息等；能将查到的信息有效地传递到学习中	10	
感知课堂生活	能在学习中获得满足感，课堂生活的认同感	10	
参与态度，沟通能力	积极主动与教师、同学交流，相互尊重、理解、平等；与教师、同学之间是否能够保持多向、丰富、适宜的信息交流	15	
	能处理好合作学习和独立思考的关系，做到有效学习；能提出有意义的问题或能发表个人见解	15	
对本课程的认识	了解本课程主要培养的能力、本课程主要培养的知识、对将来工作的支撑作用	15	
辩证思维能力	能发现问题、提出问题、分析问题、解决问题、创新问题	10	
自我反思	按时保质地完成任务；较好地掌握知识点；具有较为全面、严谨的思维能力，并能条理清楚、明晰地表达成文	25	
自评分数		100	

（2）组间互评

汇报表述	表述准确	15	
	语言流畅	10	
	准确反映该组完成任务情况	15	
内容正确度	所表述的内容正确	30	
	阐述表达到位	30	
互评分数		100	

（3）任务完成情况评价

任务完成评价	能正确表述课程的定位，缺一处扣1分	20	
	描述完成给定任务应具备的知识、能力储备分析，缺一处扣1分	20	
	描述完成给定的零件加工应该做的过程文档，缺一处扣1分	20	
	汇报时描述准确，语言表达流畅	20	
综合素质	自主研学、团队合作	10	
	课堂纪律	10	
任务完成情况分数		100	

知识链接

1.3 燃料电池的绿色循环特征演示实验

1.3.1 实验目的

本实验通过燃料电池的发电驱动机器运转的演示实验使学生掌握氢能的能源特性和作为清洁能源的特点。实验包含太阳能电池发电（光能—电能转换）、电解水制取氢气（电能—氢能转换）、燃料电池发电（氢能—电能转换）几个环节，形成了完整的能量转换、储存和使用的链条。本实验有助于培养学生的实验能力和严谨的科学精神，了解氢燃料电池可以实现氢能循环利用的过程，还有助于培养学生的绿色环保意识。

1.3.2 实验原理

1. 氢能燃料电池综合试验仪

本实验仪器主要包括燃料电池综合试验仪等，试验装置如图 1-9 所示，主要由测试仪、可变负载、燃料电池、电解电池、太阳能电池、风扇和气水塔等几部分组成。

测试仪可测量电流和电压。若不用太阳能电池作为电解池的电源，可从测试仪供电输出端口向电解池供电。测试仪的主要功能模块如下。

模块 1——电流表部分，作为一个独立的电流表使用。可通过电流挡位切换开关，选择合适的电流挡位测量电流。

模块 2——电压表部分，作为一个独立的电压表使用。可通过电压挡位切换开关，选择合适的电压挡位测量电压。

模块 3——恒流源部分，为燃料电池的电解池部分提供一个 0~350 mA 的可变恒流源。

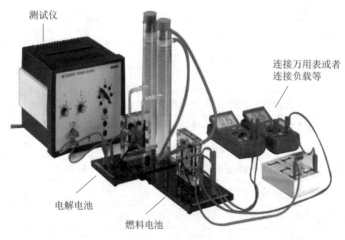

图 1-9　燃料电池综合试验装置

2. 质子交换膜燃料电池的工作原理

质子交换膜燃料电池在工作时相当于一个直流电源，其阳极即电源负极，阴极为电源正极。质子交换膜燃料电池的基本结构如图 1-10 所示，主要由质子交换膜、催化层、阴极、阳极和双极板等组成。

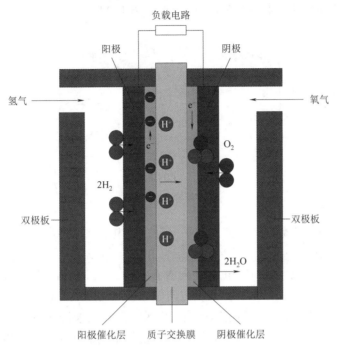

图 1-10 质子交换膜燃料电池的基本结构

如图 1-10 所示，氢气通过阳极一侧到达质子交换膜。氢分子在阳极催化剂的作用下分解为 2 个氢离子，即质子，并释放出 2 个电子，阳极反应为

$$H_2 \longrightarrow 2H^+ + 2e^- \tag{1-22}$$

氢离子以水合质子 H^+（nH_2O）的形式，在质子交换膜中从一个磺酸基转移到另一个磺酸基，最后到达阴极，实现质子导电。质子的这种转移导致阳极带负电。

在电池的另一端，氧气（或空气）通过阴极一侧，在阴极催化层的作用下，氧分子与氢离子和电子反应生成水，阴极反应为

$$O_2 + 4H^+ + 4e^- \longrightarrow 2H_2O \tag{1-23}$$

阴极反应使阴极缺少电子而带正电，结果在阴阳极间产生电压，在阴阳极间接通外电路，就可以向负载输出电能。总的化学反应为

$$2H_2 + O_2 \longrightarrow 2H_2O \tag{1-24}$$

3. 水的电解原理

水电解产生氢气和氧气，与燃料电池中氢气和氧气反应生成水互为逆过程。水电解装置同样因电解质的不同而不同，碱性溶液和质子交换膜是常用的电解质。若以质子交换膜为电解质，可在一边电极（根据实际装置进行确定）接电源正极形成电解的阳极，在其上产生氧化反应 $2H_2O \longrightarrow O_2 + 4H^+ + 4e^-$。另一边电极接电源负极形成电解的阴极，阳极产生

的氢离子通过质子交换膜到达阴极后，产生还原反应 $2H^+ + 2e^- \longrightarrow H_2$。即在一边电极析出氧，一边电极析出氢。

4. 太阳能电池的工作原理

太阳能电池是利用半导体 PN 结受光照射时的光伏效应发电，太阳能电池的基本结构是一个大面积平面 PN 结，半导体 PN 结的示意如图 1-11 所示。

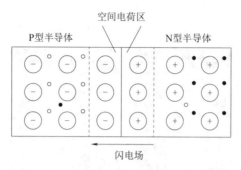

图 1-11　半导体 PN 结的示意

P 型半导体中有相当数量的空穴，几乎没有自由电子；N 型半导体中有相当数量的自由电子，几乎没有空穴；当这两种半导体结合在一起形成 PN 结时，N 区的电子（带负电）向 P 区扩散，P 区的空穴（带正电）向 N 区扩散，在 PN 结附近形成空间电荷区与势垒电场。势垒电场会使载流子向扩散的反方向做漂移运动。最终扩散与漂移达到平衡，使流过 PN 结的净电流为零。在空间电荷区内，P 区的空穴被来自 N 区的电子复合，N 区的电子被来自 P 区的空穴复合，使该区内几乎没有能导电的载流子，空间电荷区又称结区或耗尽区。

当光电池受光照射时，部分电子被激发而产生电子—空穴对，在结区激发的电子和空穴分别被势垒电场推向 N 区和 P 区，使 N 区有过量的电子而带负电，P 区有过量的空穴而带正电，PN 结两端形成电压，这就是光伏效应。若在 PN 结两端接入外电路，就可向负载输出电能。

1.3.3　实验步骤

（1）确认气水塔水位在水位上限与下限之间。若气水塔水位不在上限和下限之间，可以向气水塔中加入纯水（二次蒸馏水），以确保气水塔水位处于上下限之间。

（2）将燃料电池综合试验仪面板上的恒流源调到零电流输出状态，即逆时针旋转到底，关闭两个气水塔之间连通管的止水夹。打开燃料电池测试仪预热 15 min。

（3）切断电解池输入电源，把太阳能电池的电压输出端连入电解池。断开可变电阻负载，打开风扇作为负载，并打开太阳能电池上的光源，观察仪器的能量转换过程：光能→太阳能电池→电能→电解池→氢能（能量储存）→燃料电池→电能。

（4）观察完毕，关闭风扇和燃料电池与气水塔之间的氢气和氧气连接开关，并将测试仪电压源输出端口旋钮逆时针旋转到底。

1.3.4 注意事项

实验过程中需要注意以下事项。

（1）使用前首先应详细阅读说明书。

（2）该实验系统必须使用去离子水或二次蒸馏水，容器必须清洁干净，否则将损坏系统。

（3）该系统主体由有机玻璃制成，使用中要小心，以免打坏和损伤。

（4）电流表的输入电流不得超过 2 A，否则会烧毁电流表。

（5）电压表的最高输入电压不得超过 25 V，否则会烧毁电压表。

（6）实验时必须关闭两个气水塔之间的连通管。

实训工单

实训项目	燃料电池的绿色循环特征演示				
组长		组员			
实训地点		学时		日期	
实训目标	设计燃料电池循环利用实验路线并利用装置进行演示				

一、接受实训任务

设计一条太阳能发电—电解水—氢燃料电池发电—水的绿色能源转化路线，并搭建装置，将设计的绿色能源转化路线成功地演示出来

二、实训任务准备（以下内容由实训学生填写）

（1）实训项目：_____。

（2）实训车辆检测与维护资料是否完整：□完整 □不完整（原因：_____）

（3）对氢燃料电池汽车的基础知识是否熟悉：□熟悉 □不熟悉

（4）本次实训需要的安全防护用品准备情况：□齐全 □不齐全（原因：_____）

（5）本次实训需要的专用仪器设备准备情况：□齐全 □不齐全（原因：_____）

（6）本次实训所需时长约：_____。

（7）实训完是否需要检验：□需要 □不需要

（8）其他准备：_____

三、制订实训计划（以下内容由实训学生填写，指导教师审核）

（1）根据本次汽车氢燃料电池维护实训任务，完成物料的准备

完成本次实训需要的所有物料			
序号	物料种类	物料名称范例	实际物料名称
1	主要演示装置	演示用氢燃料小车	
2	安全防护用品	护目镜	
		手套	
		安全帽	
		二氧化碳/干粉灭火器	

序号	物料种类	物料名称范例	实际物料名称
3	其他仪器设备	直流电压表	
		直流电流表	
		直流可调恒流源	
		去离子水	
		专用多功能万用表	
		电解水模块	
		燃料电池模块	
		太阳能面板	
4	资料	产品操作手册	

（2）根据检测规范及要求，制定相关操作流程

演示操作流程

序号	作业项目	操作要点

（3）根据实训计划，完成小组成员任务分工

操作员（1人）		评委（1人）	
协作员（若干人）		记录员（1人）	

　　操作员负责装置的搭建和具体过程的演示，评委负责演示内容结果的评价和打分，协作员负责协助操作员完成检测与维护具体实训内容的操作，记录员做好检测与维护具体实训内容的记录

（4）指导教师对制订实训计划的审核

审核意见：

　　　　　　　　　　　　　　　　　　　签字：　　　　　年　　月　　日

四、实训计划实施

　　（1）从进入实训场地开始，到实训结束，完整记录实训过程的详细实施步骤、实施内容和实施结果。例如，实际步骤1，实施内容是准备好演示部件，实施结果是把各部件放置在正确位置；实施步骤2，实施内容是做好个人防护，实施结果是做好安全防护，正确佩戴防护用具

实施步骤	实施内容	实施结果

（2）实训结论

演示项目	结果	主要问题	备注
太阳能发电模块安装			
电解水模块安装			
氢气检测			
燃料电池模块安装			
燃料电池小车安装			
发电过程演示			
燃料电池小车驱动演示			

五、实训小组讨论

讨论1：演示成功，燃料电池小车为何能被顺利驱动？

_____

_____

_____

_____

_____

续表

讨论2：演示失败，燃料电池小车没有被顺利驱动的原因是什么？如何进行演示？故障诊断及排除方法主要有哪些？

_____

_____

_____

讨论3：是否能重新设计一个通过燃料电池实现的完整的氢绿色循环过程？

_____

_____

_____

讨论4：在进行演示的过程中，演示要求和注意事项是什么？

_____

_____

_____

_____

讨论5：如果演示过程中氢气泄漏，你是如何处理并实施的？

_____

_____

_____

_____

_____

_____

六、实训质量检查

请实训指导教师检查本组实训结果，并针对实训过程中出现的问题提出改进措施及建议

序号	评价标准	评价结果
1	实训任务是否完成	
2	实训操作是否规范	
3	实施记录是否完整	
4	实训结论是否正确	
5	实训小组讨论是否充分	
综合评价	□优　　□良　　□中　　□及格　　□不及格	

问题与建议	问题：		
	建议：		

实训成绩单

项目	评分标准	分值	得分
接受实训任务	明确任务内容，理解任务在实际工作中的重要性	5	
实训任务准备	实训任务准备完整	5	
	掌握氢燃料电池汽车的基础知识	5	
	能够正确识别氢燃料电池汽车的关键部件	5	
制订实训计划	物料准备齐全	5	
	操作流程合理	5	
	人员分工明确	5	
实训计划实施	实训计划实施步骤合理，记录详细	10	
	实施过程规范，没有出现错误	10	
	能够正确对实训车辆基础知识进行讲解	15	
	能够对实训得出正确结论	10	
实训小组讨论	实训小组讨论热烈	5	
	实训总结客观	5	
质量检测	学生实训任务完成，实训过程规范，实施记录完整，结论正确	10	
实训考核成绩		100	

项目二

质子交换膜燃料电池

项目概述

质子交换膜燃料电池具有理论比能量高、能量转换效率高、可实现零排放等优点，可广泛应用于交通、通信、军事、分区供电等重要领域。本项目主要介绍质子交换膜燃料电池的组成及性能，其对掌握质子交换膜燃料电池的工作原理及时效机理至关重要。

 任务一 质子交换膜燃料电池的组成

任务目标

知识目标	能力目标
（1）理解质子交换膜燃料电池的特性。 （2）熟悉质子交换膜燃料电池的基本结构。 （3）掌握质子交换膜燃料电池各个核心部件的作用与工作原理。 （4）理解质子交换膜燃料电池的工作原理	（1）能描述质子交换膜燃料电池的特性。 （2）能复述质子交换膜燃料电池的基本结构。 （3）能完成质子交换膜燃料电池的组装

任务分析

通过对质子交换膜燃料电池的基本构造及核心零部件的学习、理解质子交换膜燃料电池的基本特性、各个核心零部件的作用及工作原理，掌握质子交换膜燃料电池的组装。

任务工单

1. 学生分组					
班级		组号		授课教师	
组长		组员			

2. 任务
（1）通过本任务的学习和老师的讲解，简述双极板的概念及作用
（2）查询资料和网站，列出市场上双极板的类型及其特点

（3）查询资料和网站，画出双极板燃料电池构造图，并标注出每部分

3. 合作探究

（1）小组讨论，教师参与，确定任务（1）～（3）的最优答案，并检讨自己存在的不足

（2）每组推荐一个汇报人，进行汇报。根据汇报情况，再次检讨自己的不足

4. 评价反馈

（1）自我评价

评价指标	评价内容	分数/分	分数评定
信息收集能力	能有效利用网络、图书资源查找有用的相关信息等；能将查到的信息有效地传递到学习中	10	
感知课堂生活	能在学习中获得满足感，课堂生活的认同感	10	
参与态度，沟通能力	积极主动与教师、同学交流，相互尊重、理解、平等；与教师、同学之间是否能够保持多向、丰富、适宜的信息交流	15	
	能处理好合作学习和独立思考的关系，做到有效学习；能提出有意义的问题或能发表个人见解	15	
对本课程的认识	了解本课程主要培养的能力、本课程主要培养的知识、对将来工作的支撑作用	15	
辩证思维能力	能发现问题、提出问题、分析问题、解决问题、创新问题	10	
自我反思	按时保质地完成任务；较好地掌握知识点；具有较为全面、严谨的思维能力，并能条理清楚、明晰地表达成文	25	
	自评分数	100	

（2）组间互评

汇报表述	表述准确	15	
	语言流畅	10	
	准确反映该组完成任务情况	15	

续表

内容正确度	所表述的内容正确	30	
	阐述表达到位	30	
互评分数		100	

（3）任务完成情况评价

任务完成评价	能正确表述课程的定位，缺一处扣1分	20	
	描述完成给定任务应具备的知识、能力储备分析，缺一处扣1分	20	
	描述完成给定的零件加工应该做的过程文档，缺一处扣1分	20	
	汇报描述准确，语言表达流畅	20	
综合素质	自主研学、团队合作	10	
	课堂纪律	10	
任务完成情况分数		100	

知识链接

2.1 质子交换膜燃料电池的特性

质子交换膜燃料电池又称聚合物电解质燃料电池。该类型的燃料电池主要依赖一种特殊的聚合物膜，在它表面涂有高分散的催化剂颗粒，这种工艺称作催化剂涂覆膜（Catalyst Coating Membrane，CCM）。

质子膜燃料电池采用氢气作燃料，空气或纯氧气作氧化剂，通过氢氧发生化合反应，直接将氢气中的化学能转换成可以利用的电能，并生成对环境无污染的纯净水。其特点如下。

1. 能量转换率高、高效可靠

燃料电池中氢气和氧气或空气反应不是经过燃烧的过程而是电化学过程，所以其能量转换效率不受卡诺循环的控制。在实际应用中，考虑浓差极化、电化学极化等的限制，以及残存余热不被利用的情形，目前的燃料电池的实际电能转换效率在40%~60%，大约是内燃机的2倍。由于质子交换膜燃料电池电堆采用模块化的设计思路，一旦某个单电池出现故障，系统会适当屏蔽该电池，这样系统的输出功率只是下降，而不是整体瘫痪，因此，可靠性能更高。

2. 环境污染小、噪声低

由于反应产物是纯净水，对环境零污染，并且反应是电化学过程，主机不需要大型机械部件，只需要鼓风机、水泵等辅助输送气体设备，因此噪声低。

3. 燃料气体氢气的来源广

工业废气、煤和水作用，裂化石油气（柴油、汽油、二甲醚），电解水都可以得到氢气，此外，生物发酵也能产生氢气，因此，制造氢气的来源相当广泛。

除这些特点外，质子膜交换燃料电池还有工作电流密度大、启动温度低和组装、维修方便等特点，是未来电动汽车极具潜能的动力装置之一。

2.2 质子交换膜燃料电池的基本结构

质子交换膜燃料电池基本结构如图 2-1 所示，主要由质子交换膜（Proton Exchange Membrane，PEM）、催化剂层（Catalyst Layer，CL）、气体扩散层（Gas Diffusion Layer，GDL）和双极板（Bipolar Plates，BP）等核心部件组成。气体扩散层、催化剂层和聚合物电解质膜通过热压过程制备得到膜电极组件（Membrane Electrode Assembly，MEA）。中间的质子交换膜起到了传导质子（H⁺）、阻止电子传递和隔离阴阳极反应的多重作用。两侧的催化剂层是燃料和氧化剂进行电化学反应的场所；气体扩散层的主要作用是支撑催化剂层、稳定电极结构、提供气体传输通道及改善水管理；双极板的主要作用是分隔反应气体，并通过流场将反应气体导入燃料电池中，收集并传导电流，支撑膜电极组件，以及承担整个燃料电池的散热和排水功能。

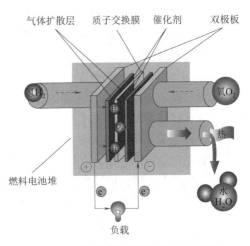

图 2-1　质子交换膜燃料电池基本结构

2.2.1 质子交换膜

1. 质子交换膜的作用

质子交换膜（见图 2-2）是质子交换膜燃料电池的电解质，是质子交换膜燃料电池的核心部件。质子交换膜可以阻隔阴阳极的气体与阴阳极电催化剂，同时选择性地对质子传导而对电子绝缘，对电池的性能起着关键作用。它不仅具有阻隔作用，还具有传导质子的作用。

图 2-2　质子交换膜

2. 燃料电池对质子交换膜的要求

在实际应用中，燃料电池中的质子交换膜需要满足以下几点。

（1）具有较高的质子传导能力，质子传导率至少达到 0.1 s/cm。

（2）具有低的电子传导率。

（3）具有良好的气体阻隔能力，在干态与湿态下同样能保证电池的效率。

（4）具有一定程度的化学稳定性，即在质子交换膜燃料电池运行过程中使质子交换膜的结构能够保持稳定。

（5）具有良好的热稳定性。

（6）具有较好的力学性能，尺寸稳定性、溶胀率低。

（7）环境友好，价格低廉。

3. 质子交换膜的发展

20 世纪 60 年代初期，美国通用电气公司成功研制出聚苯甲醛磺酸膜，这也是世界上最早的质子交换膜，但其在干燥条件下易开裂。此后研制的聚苯乙烯磺酸膜在干湿状态下都具有很好的机械稳定性。20 世纪 60 年代，美国杜邦公司开发了全氟磺酸膜即 Nafion 系列产品，正是这种膜的出现，使燃料电池技术取得巨大的发展和成就。这种膜化学稳定性很好，在燃料电池中的使用寿命超过 57 000 h。但是，以 Nafion 系列产品为代表的全氟磺酸质子交换膜仍然存在尺寸稳定性差、价格昂贵、燃料渗透高等问题。因此，针对高性能、高稳定性且廉价的质子交换膜的研究一直在广泛展开。目前在研究的膜主要有全氟磺酸质子交换膜、部分氟化质子交换膜、非氟化质子交换膜、复合质子交换膜。

质子交换膜直接影响电池的使用寿命。同时，电催化剂在燃料电池运行时会发生 Ostwald 熟化作用，缩短电池的使用寿命。因此，质子交换膜和电催化剂是影响燃料电池耐久性的重要因素。

质子交换膜
电极的构造
与原理

4. 质子交换膜的结构

在众多质子交换膜中，全氟磺酸质子交换膜（PFSA 膜）因为出色的电导率及优异的稳定性，是目前最主流的质子交换膜。它是以全氟磺酸树脂为骨架，含磺酸根的全氟乙烯基醚为支链的全氟磺酸聚合物，如图 2-3 所示。

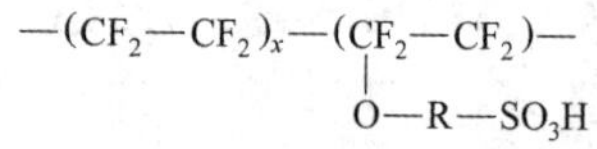

$$-(CF_2-CF_2)_x-(CF_2-CF_2)-$$
$$|$$
$$O-R-SO_3H$$

图 2-3　全氟磺酸的分子结构

PFSA 膜的代表产品有杜邦公司的 Nafion 膜，其他还有 dow 膜、3M 膜及 Aciplex 膜等，主要区别在于侧链的长短不同。

首先，PFSA 膜的 C—F 键键能高（485 kJ/mol，比 C—C 键和 C—H 键都高）、键长短、不容易断裂，所以稳定性好。其次，氟原子可以通过分子链的旋转折叠等形式覆盖在 C—C 键周围，对 C—C 键起到保护作用，提高了 PFSA 膜的化学稳定性和热稳定性。

卤族元素都是一类电负性很强的元素，尤其是氟原子，争夺电子的能力特别强，通过诱导效应，氟原子会沿着分子链把其他原子的电子向自己的身上吸引，氟原子显示更多的负电荷，而磺酸根则显示更多的正电荷，因此，大大地增强了磺酸根的酸性，这意味着磺酸根释放氢离子（质子）的能力变强了，当遇到水时，能够在水中完全解离释放质子，这也是 PFSA 膜质子电导率极高的原因。在充分水合的状态下，电导率能高达 0.1 s/cm，如此高的电导率甚至能媲美液体电解质。

在 PFSA 膜中，磺酸根具有较强的亲水性，而碳氟高分子骨架具有较强疏水性，两者强烈的反差会使膜在遇到水时发生微相分离：亲水的磺酸基团与水分子结合，相互聚集形成朝里的亲水相；疏水的碳氟骨架则朝外形成憎水相。亲水相内水分子形成了水通道，为质子传导提供了传输路径；憎水相则为膜提供了必要的机械强度及化学稳定性。PFSA 膜相分离的结构示意如图 2-4 所示。

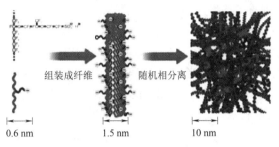

图 2-4 PFSA 膜相分离的结构示意

根据 PFSA 膜吸水溶胀后表现出来的性质，研究者们提出不同的微观结构模型，其中，以反向离子簇胶束网络模型（见图 2-5）的接受度最广。该模型认为，由于磺酸根极高的极性特征，朝里汇聚形成一个离子簇，离子簇内部包含着大量的水分，形成一个胶束的结构。离子簇是大小为 4 nm 左右的球体，内部包含的水分为氢离子提供了传输通道；

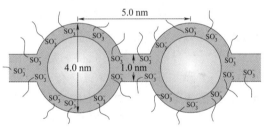

图 2-5 离子簇胶束网络模型

离子簇之间的距离为 5 nm，由一条 1 nm 左右的通道相互连接，该通道可以使溶剂和质子在不同离子簇之间传输。

5. 质子交换膜的导电机理

PFSA 膜在吸水溶胀后发生微相分离，主链上的聚四氟乙烯骨架形成憎水相，支链上的磺酸根形成亲水的离子团簇，为氢离子提供了传输通道。目前普遍认为 PFSA 的导电机理有两种类型，分别是跃迁机制（Grotthuss Mechanism）和车载机制（Vehicle Mechanism）。

（1）跃迁机制。

由于氟原子极其强烈的电负性，使磺酸根的酸性大大增强，在遇到水分子时，磺酸基完全解离释放氢离子 H^+，H^+ 会与水分子结合形成 H_3O^+，也可以重新与—SO_3—结合。在电势差的驱动下，H^+ 通过氢键的形成、断裂及静电吸引，在 H_3O^+、—SO_3—之间跳跃，实现质子的传递。

（2）车载机制。

质子 H^+ 从磺酸根—SO_3—解离下来后，通常不会以裸露的原子核的形式存在，而是通过氢键与周围的水分子形成水合质子，水合质子主要有 3 种形式存在，分别是：H_3O^+，质子与 1 个水分子结合；$H_5O_2^+$、$[H_2O\cdots H^+\cdots H_2O]$，质子与两个水分子结合，并位于 2 个水分子中间；$H_9O_4^+$、$[H_3O^+\cdots 3H_2O]$，由 H_3O^+ 为中心，通过氢键与另外 3 个 H_2O 相连而构成。在电场的驱动下，质子以水分子为载体，从阳极向阴极迁移，实现质子在膜内的传递。

6. 电导率的影响因素

无论是跃迁机制还是车载机制，都需要有足够的氢离子浓度和水分含量。氢离子由磺酸根解离形成，所以磺酸根的数量决定了氢离子的数量。衡量磺酸基团数量的参数有两个，一个是离子交换容量 IEC，表示单位质量膜含磺酸基团的摩尔数，可以通过 NaOH 标准溶液滴定得到，单位是毫摩尔/克（mmol/g）。高 IEC 值的 PFSA 膜说明所拥有的磺酸基团数量多，也就是能够释放的质子数量多，同时磺酸基团数量增多引起离子簇及离子通道的体积增大，膜所能容纳的水分增多，这些都可以提高 PFSA 膜的质子导电能力。另外一个衡量磺酸基团密度的参数是物质当量 EW，表示包含 1 mol 氢离子所需的膜的质量，单位是克/摩尔（g/mol）。EW 与 IEC 是互为倒数的参数，EW 值越小，说明膜内的磺酸基密度越大，膜的导电性越好。

可以通过改变链长度的方法改变 EW 值。一种是在保持支链不变的情况下，减小主链的长度。另一种是保持主链长度不变的情况下，减小支链的长度。链长度缩短了，磺酸基之间挨得更近，就更加容易形成离子团簇，从而提高质子膜的离子电导率。

除了质子的密度以外，影响质子膜导电性最重要的因素是膜的含水量。一般来说，膜的润湿性越好，其导电性越好。干燥的 PFSA 膜不具备质子传导能力，为了获得一定的质子传导能力，一个磺酸基周围至少需要有 6 个水分子，要获得最高电导率，需要每个磺酸根携带 20 个水分子以上。所以在质子交换膜燃料电池运行期间，保证膜的润湿性至关重要。膜的质子电导率与含水量呈线性增加的关系，如图 2-6 所示。

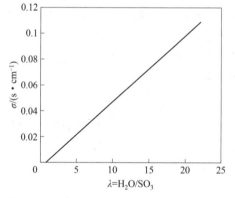

图 2-6　PFSA 膜质子电导率与含水量的关系

2.2.2　催化剂

1. 质子交换膜燃料电池中催化剂的作用

在氢燃料电池的电堆中，电极上氢的氧化反应和氧的还原反应过程主要受催化剂控制。催化剂的催化效率将直接决定燃料电池的发电效率及性能。当前，铂基催化剂仍然是商用质子交换膜燃料电池中不可替代的催化剂。

2. 质子交换膜燃料电池对催化剂的要求

催化剂选用主要考虑工作条件下的耐高温和抗腐蚀性问题。

3. 质子交换膜燃料电池中催化剂的发展

早期的燃料电池采用铂黑为催化剂，催化剂的用量很大，每平方厘米铂的用量为几毫克至几十毫克。直到 Raistrick 等人报道了采用碳载铂（Pt/C）替代铂黑为催化剂，将燃料电池铂的用量降低了 1 个数量级，至 0.35 mg/cm^2，这是燃料电池发展过程中的一项重大突破。与铂黑相比，碳载铂催化剂中铂纳米粒子的颗粒更小，表面原子比例更高；且由于分散在高比表面的碳黑表面，铂纳米粒子之间的堆叠减小，表面原子利用率提高。至今，主流的商业化质子交换膜燃料电池仍然采用类似的负载型贵金属催化剂。高比表面的碳黑具有廉价、酸性条件下耐腐蚀性较好的特点，广泛用于质子交换膜燃料电池催化剂的载体，Pt/C 也是目前最主要的商用燃料电池催化剂。

常用的碳载型催化剂 Pt/C。Pt 纳米颗粒分散到碳粉载体上，但是 Pt/C 随着使用时间的延长存在 Pt 颗粒溶解、迁移、团聚现象，活性比表面积降低，难以满足碳载体的负载强度要求。Pt 是贵金属，从商业角度看不宜继续作为常用催化剂成分，为了提高性能、减少用量，一般采取小粒径的 Pt 纳米化分散制备技术。然而，纳米 Pt 颗粒表面自由能高，碳载体与 Pt 纳米粒子之间是弱的物理相互作用；小粒径 Pt 颗粒会摆脱载体的束缚，迁移到较大的颗粒上被兼并进而消失，大颗粒得以生存，并继续增长；小粒径 Pt 颗粒更易发生氧化反应，以铂离子的形式扩散到大粒径铂颗粒表面而沉积，进而导致团聚。

因此，人们研制出了 Pt 与过渡金属合金催化剂、Pt 核壳催化剂、Pt 单原子层催化剂，这些催化剂最显著的变化是利用 Pt 纳米颗粒在几何空间分布上的调整来减少 Pt 用量、提高 Pt 利用率，提高质量比活性、面积比活性，增强抗 Pt 溶解能力。通过碳载体掺杂氮、氧、硼等杂质原子，增强 Pt 颗粒与多种过渡金属（如 Co、Ni、Mn、Fe、Cu 等）的表面附着力，在提升耐久性的同时也利于增强含 Pt 催化剂的抗迁移及团聚能力。

为了进一步减少 Pt 用量，无 Pt 的单/多层过渡金属氧化物催化剂、纳米单/双金属催化剂、碳基可控掺杂原子催化剂、M—N—C 纳米催化剂、石墨烯负载多相催化剂、纳米金属多孔框架催化剂等成为领域研究热点；但这些新型催化剂在氢燃料电池实际工况下的综合性能，如稳定性、耐腐蚀性、氧化还原反应催化活性、质量比活性、面积比活性等，还需要继续验证。美国 3M 公司基于超薄层薄膜催化技术研制的 Pt/Ir（Ta）催化剂，已经实现在阴极、阳极平均低至 0.09 mg/cm² 的铂用量，催化功率密度达到 9.4 kW/g（150 kPa 反应气压）、11.6 kW/g（250 kPa 反应气压）。德国大众汽车集团牵头研制的 PtCo/高表面积炭（HSC）也取得重要进展，催化功率密度、散热能力均超过美国能源部制定的规划目标值（2016—2020 年）。后续，减少铂基催化剂用量、提高功率密度（催化活性）及基于此目标的膜电极组件优化制备，仍是降低氢燃料电池系统商用成本的重要途径。

2.2.3　气体扩散层

气体扩散层在结构上直接连接着燃料电池极板和催化层，建立了从气体流道的毫米尺度到催化剂的纳米尺度之间的桥梁，在燃料电池工作中不仅起着传输反应介质、排出电化学产物的作用，还不断进行着热和电的传导。根据气体扩散层制作工艺中对碳纤维采用的黏结、纺织、成纸及热压等不同工艺，成品可以分为碳纸、碳布、碳毡等多种类产品，如图 2-7 所示。

1. 气体扩散层的功能

（1）导气排水功能。

在质子交换膜燃料电池的膜电极组件中，气体扩散层主要起到传输气体和水分的作用，负责将双极板中的氢气和氧气引导到催化层中，为催化层提供足够的气体用于反应；同时，将催化层中生成的水传递到双极板，防止生成物在催化层中堆积，阻碍反应的进一

步进行，也就是"水淹"。所以扩散层必须是多孔的材料，具备良好的透气性和良好的排水特性。

碳纸　　碳布　　碳毡

图2-7　质子交换膜燃料电池气体扩散层

（2）导电及支撑功能。

气体扩散层需要具有良好的电子导电性，这样从催化层中生成的电子，才能顺利地穿过扩散层，移动到双极板上。除这些主要功能外，气体扩散层还为膜电极组件提供了一定的支撑强度，气体扩散层是膜电极组件中厚度最厚的部分，通常大于 100 μm。

目前的气体扩散层主要以碳纸作为原材料，孔隙率为 60%～80%，经过疏水处理后形成亲水性孔道和疏水性孔道，亲水性孔道可以将催化层中的水引导到双极板中，而疏水性孔道则为气体扩散提供传输路径。

在燃料电池电堆设计过程中气体扩散层的选择对燃料电池性能影响很大，通常会在厚度、相对密度、压缩回弹、孔隙率、聚四氟乙烯（PTFE）含量、电导率特性、热导率特性和气体扩散特性这几个方面做综合的权衡与考量。

2. 气体扩散层的发展

目前从事气体扩散层生产的厂家很多，具有代表性的包括东丽（Toray）、科德宝（Freudenburg）、西格里特（SGL）及 AvCarb 等，这些厂家主营业务覆盖了材料、纺织、石墨等领域，这些领域都与扩散层的制作工艺有着密切的联系，其中，SGL 是全球最大的碳石墨制造商，也是现代 NEXO 燃料电池扩散层供应商。

3. 气体扩散层的结构

气体扩散层主要由两部分组成，分别是大孔隙的基底层和小孔隙的微孔层。其中，基底层为微孔层和催化层提供支撑作用，微孔层则改善基底层与催化层之间的接触界面。气体扩散层的组成结构如图 2-8 所示。

（1）基底层。

基底层（Gas Diffusion Barrier，GDB）是气体扩散层最主要的部分，要求孔隙率高、孔径大、导电性良好，同时具备足够的机械强度。构成基底层的材料主要是一些碳材料，比如，碳布、碳纸、非织造布及炭黑纸，这类材料孔隙率高，一般能达到 70% 以上；孔径较大，为 50～150 μm。也有使用非碳的金属材料，如泡沫金属或金属网。

碳布，又称碳纤维布，由长的碳纤维经过编织形成，孔隙率 70% 以上，比较软，具有良好的弯曲能力，能够良好地贴合到催化层表面。但是这项功能同时也造成其机械强度不足，难以提供足够的支撑强度。碳纤维布及其电镜图如图 2-9 所示。

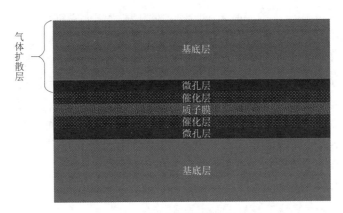

图 2-8　气体扩散层的组成结构

图 2-9　碳纤维布及其电镜图

碳纸，由 5~20 μm 的短切碳纤维压制而成，与碳布相比，缺乏柔韧性、脆性大，但是制作工艺简单，具有更高的机械强度，所以更加适合用作膜电极组件的基底层，是目前商用的首选材料。

基底层间的孔隙是气体和液态水传输的主要通道。碳材料本身是一类亲水性的材料，生成的水会遍布在所有孔隙中，阻碍气体的传输。为了避免水汽堵塞孔道，需要使用 PTFE 对基底层进行疏水处理，形成一部分疏水性孔道，为干燥的气体预留传输的路径。

理论上，碳纸越薄，电子从催化层传递到双极板的距离越短，电阻越小，越有利于电池的输出性能；但是，厚度过薄会导致支撑强度不够，所以基底层的厚度应该在保持足够支撑特性的前提下，尽可能减小。对于孔隙率来说，孔隙率越高，透气性越好，传质阻力越小；但相反，孔隙率太高会导致电子传递的路径减少，电阻增大。商用的孔隙率一般在 70% 左右可以实现较好的性能。

（2）微孔层。

基底层的孔隙率高、孔径大，直接与催化层接触会减小有效接触面积，进而导致接触面电阻增大；另外，催化层中的催化剂颗粒有可能脱落，堵塞在孔隙中，造成催化有效面积降低，并减少气体孔隙度。因此，我们需要在基底层和催化层之间涂覆一层微孔层

（Micro Porous Layer，MPL）用于改善基底层和催化层之间的界面。

微孔层一般由炭黑粉和PTFE混合制备而成，再通过热压、喷涂、印刷等方式固定在基底层上，形成小气孔结构。微孔层的孔径小，一般在5~50 μm级别，可以有效阻止制备过程催化层中的催化剂颗粒脱落后堵塞气体孔道。微孔层平整度比基底层高，其作为中间过渡层，可以有效提高与催化层之间的接触面积、降低界面电阻、改善界面电化学反应。

另外，微孔层的存在还有利于改善水管理。由于微孔层和基底层的孔径不同，会形成孔径梯度，在气体扩散层两侧形成压力梯度，迫使水分从催化层向气体扩散层传输，阻碍液态水在催化层表面凝聚长大，从而防止催化层"水淹"。一个性能优异的微孔层，可以降低对基底层的要求，即便基底层的性能差别较大，只要保证微孔层一致，也能获得相近的排水导气性能。

4. 气体扩散层的特性

（1）力学性能。

气体扩散层力学性能如图2-10所示。气体扩散层在燃料电池电堆装配过程中，随着压紧力的增加，扩散层的应变、孔隙率、电导率及气体扩散特性等指标均会产生变化，而且双极板脊下和槽下的扩散层特性也有很大区别，这些都会影响到燃料电池工作时的水热管理。在燃料电池电堆结构设计时必须充分考虑扩散层的回弹性能、扩散层与密封线在压缩量和压缩力之间的匹配，以及流道跨度和深度匹配等。

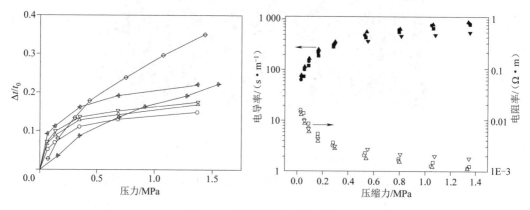

图2-10　气体扩散层力学性能

（2）导电与导热性能。

气体扩散层制造工艺造成的碳纤维分布特点决定了扩散层在平面内的电导率比垂直平面的电导率要高数倍，提升扩散层本身的导电、导热特性，可以在扩散层制备过程中提高石墨化温度并延长时间，这对减缓扩散层衰减也有积极作用。

（3）气体渗透性能。

气体扩散率在垂直于气体扩散层方向上的数值是平面内气体扩散率的几倍，目前对气体扩散层失效的研究并不像对其他部件的失效研究那么深入，气体的扩散和液态水的排出总是相互影响，因此，扩散层失效形式与燃料电池性能衰减之间的关系还需要大量的研究工作。目前，主要用于对气体渗透率进行测评的方法包括（DIN EN ISO 9237）和Gurley（ISO 5636-5）。

（4）亲疏水特性。

随着长时间的使用，气体扩散层表面亲水性越来越强，燃料电池工作中反映出的浓差极化明显升高，这与 PTFE 涂料脱落、亲水杂质累积、孔隙率分布改变都有一定的联系。通过对气体扩散层进行的加速老化实验研究，表明老化后接触角明显变小，微孔层的质量也明显减小。

2.2.4 质子交换膜燃料电池双极板

1. 双极板的功能

双极板是质子交换膜燃料电池电堆的关键结构和功能部件之一，通过串联结构实现相邻单电池的导电连接，并让燃料、氧化剂、冷却剂及反应产物在特定的流程内进行分配和传输。其主要功能包括：支撑膜电极组件；分隔各单电池；分隔阴极、阳极反应气体，防止其相互混合；提供电气连接；输送反应气体并使之均匀分配；传导反应热量；去除水副产物；承受组装预紧力。

双极板的
构造与原理

2. 质子交换膜燃料电池对双极板的要求

双极板在燃料电池的体积、质量和成本中均占有较大比重，乘用车的燃料电池需要体积小、高功率密度，同时能满足负载、温度和湿度频繁变化的严苛条件，因此，一般采用厚度更薄、强度更高的金属双极板水冷电堆结构。而商用车及固定式应用的燃料电池则要求更长的工作寿命，对电堆质量、尺寸及机械和热性能不敏感，因此，一般采用耐蚀性更好的石墨双极板电堆结构。便携式应用的燃料电池仅对体积和尺寸敏感，因此，一般采用自吸式一体化双极板和电堆结构。

3. 双极板的发展

根据材料不同，双极板可以分为石墨双极板、金属双极板及复合材料双极板。以上 3 种材料的双极板各有优、劣势。双极板受其流场结构影响，是一个极其不均匀和各向异性的部件，流道或较大的变形会导致压力降和流体流量变化。这直接导致了流速降低和反应物或冷却剂的不均匀供应，使电堆性能或耐久出现问题。

石墨材料最早是用来制造双极板的，在燃料电池工作环境下具有优异的耐腐蚀性、高化学稳定性、对催化剂的膜无污染及良好的导电性。然而，石墨材料由于其微观结构的特点，使其在力学性能和工艺性能上有其固有的缺点，其具有较低的弯曲强度，并且容易断裂。因此，只能通过高成本和周期长的机加工方法生产，且容易产生缺陷。

为了克服这些困难，研究者对双极板替代材料的开发及极板的设计进行了很多有意义的尝试。近年来，金属双极板引起了广泛关注，并在乘用车领域取得了成功的应用。金属双极板具有优异的导电性和导热性、良好的机械加工性、强度高、致密性和阻气性好等优点，能够满足汽车动力应用所需的较高功率密度和低温起动要求。金属双极板主要材料采用不锈钢、铝合金、钛合金等，其中相对便宜的不锈钢被广泛研究来作为极板材料。

除此以外，为了提高金属基体材料的耐蚀性和表面接触电阻，一般对其进行表面处理来实现双极板的总体技术要求。表面材料除了满足燃料电池工作环境对化学、电化学稳定性的基本要求之外，还应具有与基底金属材料的热、化学兼容性，与气体扩散层的界面接触电阻低，纯度高，挥发性有机化合物（VOC）和易氧化有机碳（EOC）含量低，成本低及易于量产等特点。目前常用的改性材料有碳类和金属类。

除了上述材料外，复合材料作为一种特殊的材料也常用来制作极板。复合材料一般指由分散的填料或纤维、粉末、薄片等形式的填料和连续的基质构成的混合材料。极板生产中使用的复合材料主要属于非金属复合材料，包括非金属的填料和基质。复合材料不仅可以通过不同的混合比例来降低成本、提高力学性能，还提供了更多的灵活性来匹配复合板的特性，以满足不同燃料电池应用条件下的各种需求。

2.3　质子交换膜燃料电池的工作原理

质子交换膜燃料电池属于氢燃料电池，质子交换膜燃料电池的最大特点是工作温度很低，在常温下即可运行，电流输出密度是碱性燃料电池的十几倍，输出功率密度更是比除了碱性燃料电池之外的其他燃料电池高出 $5\sim10$ 倍，只要可以加压操作，其输出功率密度可以达到 $1\sim2$ W/cm^2。质子交换膜燃料电池的缺点是必须采用昂贵的催化剂来提高反应速度。

质子交换膜燃料电池的工作原理（见图 2-11）：燃料（氢气 H$_2$）进入阳极，通过扩散作用到达阳极催化剂表面，在阳极催化剂的作用下分解成带正电的质子（H$^+$）和带负电的电子（e$^-$），质子通过质子交换膜到达阴极，电子则沿外电路通过负载流向阴极。同时，氧气（O$_2$）通过扩散作用到达阴极催化剂表面，在阴极催化剂作用下，电子、质子和氧气发生还原反应生成水。

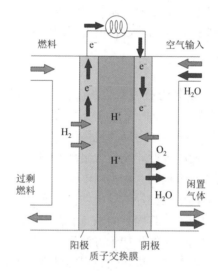

图 2-11　质子交换膜燃料电池的工作原理

2.3.1　阳极侧

阳极侧的反应如下。

（1）氢气从阳极板气体通道进入阳极的气体扩散层。

（2）阳极的氢气扩散到阳极催化层，氢气分子与 Pt 相作用，H—H 键断裂，被催化分解为氢离子和电子。电化学反应方程式为

$$2H_2 \longrightarrow 4H^+ + 4e^- \tag{2-1}$$

（3）由于质子交换膜仅允许氢离子以水合方式通过，因此，氢离子扩散到阴极侧，而

电子堆积在阳极。

（4）当双极板与外部电路连接，阳极堆积的电子通过电路流向阴极板。

2.3.2 阴极侧

阴极侧的反应如下。

（1）氧气从阴极板气体通道进入阴极的气体扩散层。

（2）从阳极流向阴极的电子扩散到阴极扩散层和催化层处。

（3）电子与扩散层中的氧气，在阴极催化层处与通过质子交换膜扩散过来的氢离子发生反应，生成水流向阴极板。阴极反应式为

$$O_2+4e^-+4H^+\longrightarrow 2H_2O \tag{2-2}$$

2.4 质子交换膜燃料电池的单体电池与电池组

燃料电池电堆由多个燃料电池的单体电池以串联方式层叠组合构成。双极板与膜电极组件交替叠合，各单体电池之间嵌入密封件，经前、后端板压紧后用螺杆紧固拴牢，即构成燃料电池电堆。燃料电池电堆是发生电化学反应的场所，为燃料电池系统（或燃料电池发动机）的核心部分。在电堆工作时，氢气和氧气分别经电堆气体主通道分配至各单体电池的双极板，经双极板导流均匀分配至电极，通过电极支撑体与催化剂接触进行电化学反应。

2.4.1 燃料电池单体电池

燃料电池单体电池主要包含 7 层结构，最中间一层为质子交换膜（又称电解质膜），然后两侧对称的依次为阴/阳极催化层、阴/阳极气体扩散层和阴/阳极双极板，单体电池是质子交换膜燃料电池正常工作的最小单位。

2.4.2 电堆堆栈结构

对于燃料电池来说，由一组电极和电解质板构成的燃料电池单体电池输出的电压较低、电流密度较小，为获得高的电压和功率，通常将多个单体电池串联，构成电堆堆栈。相邻单体电池间用双极板隔开，双极板用来串联前、后单体电池和提供单体电池的气体流路。一般的燃料电池电堆堆栈结构如图 2-12 所示。

图 2-12　一般的燃料电池电堆堆栈结构

这种堆栈结构就是燃料电池系统的核心，也是燃料电池的关键技术，它的内部结构如图 2-13 所示。

从结构上看，燃料电池电堆堆栈主要由端板、绝缘板、集流板、双极板、膜电极组件、紧固件（如螺钉等）、密封圈（图中未标注）这 7 部分组成。

1. 端板

端板的主要作用是控制接触压力，因此，足够的强度与刚度是端板最重要的特性。足够的强度可以保证在封装力作用下端板不发生破坏，足够的刚度则可以使端板变形更加合理，从而均匀地传递封装载荷至密封层和膜电极组件上。

2. 绝缘板

绝缘板对燃料电池功率输出无贡献，仅对集流板和后端板电隔离。为了提高功率密度，要求在保证绝缘距离（或绝缘电阻）前提下最大化减少绝缘板厚度及质量。但减少绝缘板厚度存在制造过程产生针孔的风险，并且可能引入其他导电材料，引起绝缘性能降低。

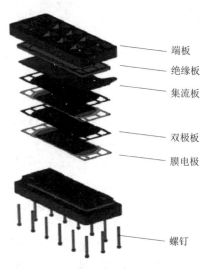

端板
绝缘板
集流板
双极板
膜电极
螺钉

图 2-13　燃料电池电堆堆栈

3. 集流板

集流板是将燃料电池的电能输送到外部负载的关键部分。考虑到燃料电池的输出电流较大，因此，都采用电导率较高的金属材料制成的金属板（如铜板、镍板或镀金的金属板）作为燃料电池的集流板。

4. 双极板

燃料电池的双极板是电堆中的"骨架"，与膜电极组件叠装配成电堆，在燃料电池中起到支撑、收集电流、为冷却液提供通道、分隔氧化剂和还原剂等作用。

5. 膜电极组件

质子交换膜燃料电池的核心组件就是膜电极组件，它一般由质子交换膜、催化层与气体扩散层 3 个部分组成所谓的"三合一结构"。质子交换膜燃料电池的性能由膜电极组件决定，而膜电极组件的性能主要由质子交换膜性能、扩散层结构、催化层材料和性能、膜电极组件本身的制备工艺所决定。

6. 紧固件

紧固件的作用主要是维持电堆各组件之间的接触压力，为了维持接触压力的稳定及补偿密封圈的压缩永久变形，端板与绝缘板之间还可以添加弹性元件。

7. 密封圈

燃料电池使用密封圈的主要作用是保证电堆内部的气体和液体正常、安全地流动，为此需要满足以下要求。

（1）较高的气体阻隔性：保证对氢气和氧气的密封。

（2）低透湿性：保证高分子薄膜在水蒸气饱和状态下工作。

（3）耐湿性：保证高分子薄膜工作时形成饱和水蒸气。

（4）环境耐热性：适应高分子薄膜工作的工作环境。

（5）环境绝缘性：防止单体电池间电气短路。

（6）橡胶弹性体：吸收振动和冲击。

（7）耐冷却液：保证低离子析出率。

2.4.3 燃料电池电堆组装方式

燃料电池电堆由端板、绝缘板、集流板、单体电池（包含双极板和膜电极组件）组成，它们之间通过压紧力被组装到一起。

压紧力可以通过点压力、线压力和面压力来提供。因此，衍生出来了许多组装方式，通过不同的压紧方式来将电堆组装起来。目前市面上比较常见的有螺杆压紧方式和绑带压紧方式两种。

1. 螺杆压紧方式

德国 EK 电堆采用了比较典型的螺杆+端板的均匀压紧方式如图 2-14 所示。均匀压紧方式的核心是想方设法对电堆内各零部件产生尽量均匀的压缩力，即通过厚重的端板将螺杆产生的点压力转换成对整个电堆均匀的应力。这种方法简单实用，但是使用的端板占据了较大的质量和体积。

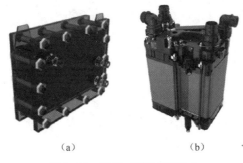

（a） （b）

图 2-14 螺杆+端板压紧方式

（a）螺杆+端板；（b）德国 EK 电堆

2. 绑带压紧方式

加拿大巴拉德动力系统公司生产的电堆采用了比较典型的绑带压紧方式，如图 2-15 所示。这种方式可以在减少端板厚度和质量的同时，使压紧力更均匀地分布。这种压紧方式的受力面积更大，可以将压紧的力更均匀地施加在端板上。

（a） （b）

图 2-15 绑带压紧方式

（a）绑带压紧；（b）巴拉德

有的厂商在使用绑带的同时，也对端板的结构进行了改良。电池电堆采用了比较典型的弧度端板配合绑带的压紧方式，如图 2-16 所示。这种电堆组装方式的特点在于使用带一定弧度的端板配合绑带实现压紧，进一步提高了电堆的紧固力的均匀性。其优点主要在于上下端板部分可以采用一定的镂空结构来实现电堆的轻量化设计。

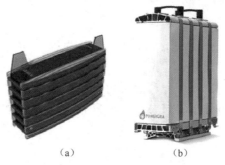

（a）   （b）

图 2-16　弧度端板配合绑带压紧方式

（a）弧度端板配合绑带；（b）电堆

思考与练习

（1）燃料电池的主要组成部分有哪些？

（2）燃料电池工作时，正负极进行什么反应？

实训练习

组装燃料电池。

实训工单

实训参考题目	组装燃料电池			
实训实际题目	由指导教师根据实际条件和分组情况，给出具体实训题目，包括实训车型、具体实训项目、实训内容等			
组长		组员		
实训地点		学时		日期
实训目标	（1）根据实际车型认识双极板的构成。 （2）根据实际车型认识质子交换膜燃料电池的构成。 （3）能够组装质子交换膜燃料电池			
一、接受实训任务				
一台实训车辆到达工作现场，识别车载氢燃料电池系统的各组成部分。根据认识到的氢燃料电池系统的组成，判别实训车氢燃料电池系统是否为质子交换膜燃料电池。能够简单地进行电池的组装				

续表

二、实训任务准备（以下内容由实训学生填写）

（1）实训车辆登记。

车型：_____；车辆的识别代码：_____

（2）实训车辆里程数：_____。

（3）实训车辆检查。

有无刮痕痕迹：□无　□有；仪表能否正常显示：□能　□否

能否正常行驶：□能　□否；有无其他缺陷：□无　□有

（4）对氢燃料电池汽车的基础知识是否熟悉：□熟悉　□不熟悉

（5）本次实训所需要的安全防护用品准备情况：□齐全　□不齐全（原因：_____）

（6）本次实训所需时长约：_____。

（7）实训完是否需要检验：□需要　□不需要

（8）其他准备：_____

三、制订实训计划（以下内容由实训学生填写，指导教师审核）

（1）根据本次汽车氢燃料电池维护实训任务，完成物料的准备

完成本次实训需要的所有物料

序号	物料种类	物料名称范例	实际物料名称
1	实训车辆	实训用氢燃料汽车一辆	
2	安全防护用品	护目镜	
		手套	
		安全帽	
		二氧化碳/干粉灭火器	
3	资料	车辆维护手册	

（2）根据检测规范及要求，制定相关操作流程

认识质子交换膜燃料电池的构造

序号	作业项目	操作要点

（3）根据实训计划，完成小组成员任务分工

操作员（1人）		安全员（1人）	
协作员（若干人）		记录员（1人）	

（4）指导教师对制订实训计划的审核

审核意见：

签字：　　　　　　　　年　　月　　日

四、实训计划实施

（1）从进入实训场地开始，到实训结束，完整记录实训过程的详细实施步骤、实施内容和实施结果。例如，实际步骤 1，实施内容是准备好实训车辆，实施结果是把实训车辆放置在正确位置；实施步骤 2，实施内容是做好个人防护，实施结果是做好安全防护，正确佩戴防护用具

实施步骤	实施内容	实施结果

（2）实训结论

系统名称	数量	实训车布置形式	备注
燃料电池堆			
氢罐			
燃料电池			
燃料电池直流升压转换器			
动力控制单元			
动力电机			

五、实训小组讨论

讨论：查阅资料，质子交换膜燃料电池和其他电池的优缺点是什么？

_____

_____

_____

_____

_____

_____

_____

六、实训质量检查

请实训指导教师检查本组实训结果，并针对实训过程中出现的问题提出改进措施及建议

序号	评价标准	评价结果
1	实训任务是否完成	
2	实训操作是否规范	
3	实施记录是否完整	
4	实训结论是否正确	
5	实训小组讨论是否充分	
综合评价	□优　　□良　　□中　　□及格　　□不及格	
问题与 建议	问题： 建议：	

实训成绩单

项目	评分标准	分值	得分
接受实训任务	明确任务内容，理解任务在实际工作中的重要性	5	
实训任务准备	实训任务准备完整	10	
	掌握氢燃料电池汽车的基础知识	5	
	能够正确识别氢燃料电池汽车的关键部件	5	
制订实训计划	物料准备齐全	5	
	操作流程合理	5	
	人员分工明确	5	
实训计划实施	实训计划实施步骤合理，记录详细	15	
	实施过程规范，没有出现错误	15	
	能够对实训得出正确结论	10	
实训小组讨论	实训小组讨论是否热烈	5	
	实训总结是否客观	5	
质量检测	学生实训任务完成，实训过程规范，实施记录完整，结论正确	10	
实训考核成绩		100	

续表

七、理论考核试题	成绩：

综合题（每题 50 分，共 100 分）

（1）本次实训车辆氢燃料电池是否是质子交换膜燃料电池？有什么优缺点？

_____

_____

_____

_____

_____

（2）质子交换膜燃料电池正负极进行什么反应？

_____

_____

_____

_____

_____

_____

实训考核成绩		理论考核成绩	
综合考核成绩		指导教师签字	

任务二 质子交换膜燃料电池的性能

任务目标

知识目标	能力目标
（1）了解质子交换膜燃料电池对操作条件的敏感性。 （2）理解质子交换膜燃料电池的耐久性	（1）能描述质子交换膜燃料电池对操作条件的敏感性。 （2）能复述质子交换膜燃料电池的耐久性影响因素。 （3）能制订质子交换膜燃料电池长久稳定工作的维护方案

任务分析

通过质子交换膜燃料电池对操作敏感性、耐久性的学习，使学生理解质子交换膜燃料电池的运行机制，并能制订质子交换膜燃料电池相应的工作和维护方案，保证质子交换膜燃料电池可靠工作。

任务工单

1. 学生分组					
班级		组号		授课教师	
组长		组员			

2. 任务
（1）通过本任务的学习和老师的讲解，写出质子交换膜燃料电池的构成部分
（2）根据实训场地提供的质子交换膜燃料电池，指出其构成的每一部分，并进行简单讲解

续表

（3）画出质子交换膜燃料电池的工作原理图，并进行组内相互汇报

3. 合作探究

（1）小组讨论，教师参与，确定任务（1）和（2）的最优答案，并检讨自己存在的不足

（2）每组推荐一个汇报人，进行汇报。根据汇报情况，再次检讨自己的不足

4. 评价反馈

（1）自我评价

评价指标	评价内容	分数/分	分数评定
信息收集能力	能有效利用网络、图书资源查找有用的相关信息等；能将查到的信息有效地传递到学习中	10	
感知课堂生活	能在学习中获得满足感，课堂生活的认同感	10	
参与态度，沟通能力	积极主动与教师、同学交流，相互尊重、理解、平等；与教师、同学之间是否能够保持多向、丰富、适宜的信息交流	15	
	能处理好合作学习和独立思考的关系，做到有效学习；能提出有意义的问题或能发表个人见解	15	
对本课程的认识	了解本课程主要培养的能力、本课程主要培养的知识、对将来工作的支撑作用	15	
辩证思维能力	能发现问题、提出问题、分析问题、解决问题、创新问题	10	
自我反思	按时保质地完成任务；较好地掌握知识点；具有较为全面、严谨的思维能力，并能条理清楚、明晰地表达成文	25	
自评分数		100	

（2）组间互评

汇报表述	表述准确	15	
	语言流畅	10	
	准确反映该组完成任务情况	15	

内容正确度	所表述的内容正确	30	
	阐述表达到位	30	
互评分数		100	

（3）任务完成情况评价

任务完成评价	能正确表述课程的定位，缺一处扣1分	20	
	描述完成给定任务应具备的知识、能力储备分析，缺一处扣1分	20	
	描述完成给定的零件加工应该做的过程文档，缺一处扣1分	20	
	汇报描述准确，语言表达流畅	20	
综合素质	自主研学、团队合作	10	
	课堂纪律	10	
任务完成情况分数		100	

知识链接

2.5 质子交换膜燃料电池对操作条件的敏感性

2.5.1 工作温度对质子交换膜燃料电池性能的影响

氢燃料电池是一个气体分子数减少的反应，电池反应的熵变小于0，电池的温度系数为负值，依据电化学热力学，电池工作温度升高会使电池电动势下降。而依据电化学动力学，电池工作温度的升高有利于提高电催化剂铂的活性，加速氢电化学的氧化，尤其是氧电化学还原速度，降低其化学极化；同时，电池工作温度的升高，使质子膜中质子传导速率加快，还能增加质子交换膜的电导，减小膜的欧姆极化。相关研究表明，动力学因素对质子交换膜燃料电池性能起主导作用，电池工作温度的升高能提高电池的性能。但并非工作温度越高越有利，随着温度的进一步升高，水蒸气分压上升很快，这不仅会稀释反应气体，还会造成膜失水，导致电池性能下降，所以电池的工作温度应适当控制在一定范围。

2.5.2 反应气体压力对质子交换膜燃料电池性能的影响

1. 氢气压力变化对质子交换膜燃料电池性能的影响

氢燃料电池反应实际上是一个氧化还原反应，包括阳极还原剂的氧化反应、阴极氧化剂的还原反应。电池伏安曲线是电池氧化还原反应的集中体现。在质子交换膜燃料电池的氧化还原反应中，氧的阴极还原反应控制着整个电池反应的反应速度；氢的阳极氧化需要阴极侧通过膜扩散来的水分子，由于氢电极侧压力的升高，会降低水分子的扩散速率，致使单方面提高氢气的压力对电池的发电性能改善不明显。

2. 氧气压力变化对质子交换膜燃料电池性能的影响

从动力学角度分析，增大气体压力有利于提高交换电流密度，降低活化过电位。在相

同过电位的情况下，电流密度提高，电池性能提高。因此，从电化学动力学与热力学看，提高氧气压力均能改善电池性能。这是因为提高氧气工作压力，会加快水分子在全氟磺酸膜中的扩散过程，有利于提高两极反应速度、改善氧气通过电极扩散层向催化层的传质、减少浓差极化。当氧气压力增加到 0.2 MPa 时，电池性能改善幅度减少。继续提高反应气压力，会增加电池密封难度，氧气工作压力一般为 0.2~0.3 MPa。

2.5.3 尾气排放量对质子交换膜燃料电池性能的影响

尾气排放量的大小对电池性能有重要影响。只有当随尾气排放掉的水的速率与电池生成水的速率相当时，电池才能稳定、高效地运行。其主要原因在于，随阴极氧气排放出的水量大于电池生成水的量时，电极会急剧失水，质子传导受阻，电池性能会下降，即氧气尾气排放量过大，容易造成电极失水，导致电池性能下降；排放量过小，易造成电极被水淹没。

2.6 质子交换膜燃料电池的耐久性

质子交换膜燃料电池的基本组成包括质子交换膜、催化层、气体扩散层和双极板等。质子交换膜燃料电池的耐久性和上述组件的耐久性息息相关，如有一个组件耐久性存在问题，那么由于短板效应，电池的耐久性将会严重降低。

2.6.1 质子交换膜的耐久性

质子交换膜是质子交换膜燃料电池和其他燃料电池的最大区别。质子交换膜的使用温度一般不超过 100 ℃，这也就决定质子交换膜燃料电池的使用温度不超过 100 ℃。质子交换膜的降解机制通常有两种：机械降解和化学降解。

机械降解是指在某些条件下，质子交换膜的湿度会不断发生变化，在其内部会产生较大的内应力，在这些周期性变化的内应力作用下，质子交换膜的强度会降低，甚至形成孔洞，从而严重降低其寿命。

化学降解是指质子交换膜燃料电池在怠速和开路状态下，电池内部会形成大量的 H_2O_2，这些 H_2O_2 本身并不会加速质子交换膜的降解，但是，如果电池内部同时存在一些过渡金属二价离子，在这些二价离子的催化作用下，H_2O_2 会转变成活性很强的基团，这些基团会加速质子交换膜的降解，从而降低质子交换膜的寿命。

2.6.2 催化层的耐久性

催化层是电化学反应发生的场所，在阳极催化层中发生氢氧化反应，在阴极催化层中发生氧还原反应。由于阴极催化层的电势要比阳极高得多，以及一些其他因素的影响，大多数情况下阴极催化层的电化学环境要比阳极催化层恶劣得多，因此，阴极催化层更容易降解。通常催化层是由 Pt/C 催化剂和一定量的 Nafion 黏结而成，因此，催化层的降解主要是指 Pt/C 催化剂的降解和 Nafion 的降解。

Pt/C 催化剂的降解通常有 4 种机制，微晶迁移合并机制、电化学熟化机制、Pt 溶解并在离子导体中再沉积机制、碳腐蚀机制。催化层中 Pt/C 上的 Pt 颗粒尺寸比较小，通常只有几纳米，因此，这些纳米 Pt 颗粒具有非常高的比表面能。由于热运动，这些 Pt 颗粒很容易团聚在一起形成更大的颗粒以降低比表面能，即发生微晶迁移合并机制。通常这种机制在电势小于 0.8 V 时占据优势地位。当电势大于 0.8 V，会发生电化学熟化机制，这种机制同样会导致平均 Pt 颗粒尺寸增大。在高电势的情况下，如果溶解的 Pt 离子流失到离子导体中，并被阳极扩散过来的氢气还原，则 Pt 离子会被还原成 Pt 而沉积在离子导体中。除了 Pt 的增大和流失以外，Pt/C 中的 C 在某些特殊情况下也会发生氧化反应而腐蚀掉，如启停和反极。C 的腐蚀会使 Pt 颗粒从 C 上脱落下来形成 Pt 孤岛，从而降低 Pt 的利用率。以上 4 种机制都会降低催化层的电化学活性面积，从而严重影响电池的性能和耐久性。催化层的 Nafion 和质子交换膜的组成和结构相似，因此，其降解机制和质子交换膜的比较类似。Nafion 的降解可能会改变催化层的结构，从而大大降低催化层的性能。

2.6.3　气体扩散层的耐久性

气体扩散层通常由两部分组成，基底层和微孔层。基底层通常是将碳纤维或碳布经疏水处理而形成的，微孔层是将碳粉通过 PTFE 溶液黏结而成。气体扩散层一方面要能传输反应气体和移除催化层中的水，另一方面要能够具有良好的导电性能。尽管对气体扩散层已做大量研究，但是对气体扩散层的降解机制还并不是特别清晰明朗。通常认为气体扩散层的降解机制有两种，机械降解和电化学降解。机械降解指的是在机械应力、气体和水的冲蚀等共同因素作用下，气体扩散层中的 PTFE 会发生脱落，从而降低气体扩散层的疏水性，影响到气体和液态水的传输性能。同时，在这些因素的作用下，微孔层的孔径会发生变化，甚至微孔层会部分脱落下来，从而严重影响气体和液态水的传输，降低电池的性能。电化学降解是指在高电势条件下，基底层中的碳纤维和微孔层中的碳颗粒会发生氧化反应而腐蚀掉。碳纤维的腐蚀和碳颗粒的腐蚀都会改变气体扩散层的组成甚至结构，从而影响电池的性能，降低电池的耐久性。

思考与练习

（1）质子交换膜燃料电池的操作敏感性主要体现在哪些方面？
（2）如何提高质子交换膜燃料电池的耐久性？

实训工单

实训参考题目	制订燃料电池相应的工作和维护方案，保证质子交换膜燃料电池可靠工作				
实训实际题目	由指导教师根据实际条件和分组情况，给出具体实训题目，包括实训车型、具体实训项目、实训内容等				
组长		组员			
实训地点		学时		日期	
实训目标	（1）根据实际车型认识质子交换膜燃料电池的构成。 （2）质子交换膜燃料电池对操作条件的敏感性。 （3）质子交换膜燃料电池的耐久性影响因素				

续表

一、接受实训任务

一台实训车辆到达工作现场，识别车载氢燃料电池系统的各组成部分。根据认识到的氢燃料电池系统的组成，判别实训车氢燃料电池系统是否为质子交换膜燃料电池。能够判别质子交换膜燃料电池对操作条件的敏感性

二、实训任务准备（以下内容由实训学生填写）

（1）实训车辆登记

车型：_____；车辆的识别代码：_____

（2）实训车辆里程数：_____。

（3）实训车辆检查。

有无刮痕痕迹：□无　□有；仪表能否正常显示：□能　□否

能否正常行驶：□能　□否；有无其他缺陷：□无　□有

（4）对氢燃料电池汽车的基础知识是否熟悉：□熟悉　□不熟悉

（5）本次实训所需要的安全防护用品准备情况：□齐全　□不齐全（原因：_____）

（6）本次实训所需时长约：_____。

（7）实训完是否需要检验：□需要　□不需要

（8）其他准备：_____

三、制订实训计划（以下内容由实训学生填写，指导教师审核）

（1）根据本次汽车氢燃料电池维护实训任务，完成物料的准备

完成本次实训需要的所有物料

序号	物料种类	物料名称范例	实际物料名称
1	实训车辆	实训用氢燃料汽车一辆	
2	安全防护用品	护目镜	
		手套	
		安全帽	
		二氧化碳/干粉灭火器	
3	资料	车辆维护手册	

（2）根据检测规范及要求，制定相关操作流程

认识汽车氢燃料电池系统操作流程

序号	作业项目	操作要点

（3）根据实训计划，完成小组成员任务分工

操作员（1人）		安全员（1人）	
协作员（若干人）		记录员（1人）	

（4）指导教师对制订实训计划的审核

审核意见：

签字：　　　　　　　年　　月　　日

四、实训计划实施

（1）从进入实训场地开始，到实训结束，完整记录实训过程的详细实施步骤、实施内容和实施结果。例如，实际步骤 1，实施内容是准备好实训车辆，实施结果是把实训车辆放置在正确位置；实施步骤 2，实施内容是做好个人防护，实施结果是做好安全防护，正确佩戴防护用具

实施步骤	实施内容	实施结果

（2）实训结论

系统名称	数量	实训车布置形式	备注
燃料电池堆			
氢罐			
燃料电池			
燃料电池直流升压转换器			
动力控制单元			
动力电机			

五、实训小组讨论

讨论：如何判别质子交换膜燃料电池对操作条件的敏感性？

六、实训质量检查

请实训指导教师检查本组实训结果，并针对实训过程中出现的问题提出改进措施及建议

序号	评价标准	评价结果
1	实训任务是否完成	
2	实训操作是否规范	
3	实施记录是否完整	
4	实训结论是否正确	
5	实训小组讨论是否充分	
综合评价	□优　　□良　　□中　　□及格　　□不及格	
问题与建议	问题： 建议：	

实训成绩单			
项目	评分标准	分值	得分
接受实训任务	明确任务内容，理解任务在实际工作中的重要性	5	
实训任务准备	实训任务准备完整	10	
	掌握氢燃料电池汽车的基础知识	5	
	能够正确识别氢燃料电池汽车的关键部件	5	
制订实训计划	物料准备齐全	5	
	操作流程合理	5	
	人员分工明确	5	
实训计划实施	实训计划实施步骤合理，记录详细	15	
	实施过程规范，没有出现错误	15	
	能够对实训得出正确结论	10	
实训小组讨论	实训小组讨论是否热烈	5	
	实训总结是否客观	5	
质量检测	学生实训任务完成，实训过程规范，实施记录完整，结论正确	10	
实训考核成绩		100	

七、理论考核试题	成绩：

综合题（共 100 分）

质子交换膜燃料电池的操作敏感性主要体现在哪里？

_____

_____

_____

_____

_____

_____

.	实训考核成绩		理论考核成绩	
	综合考核成绩		指导教师签字	

项目三

汽车氢燃料电池系统

项目概述

与传统燃油车上的发动机相同，燃料电池用作汽车动力源时，又称燃料电池发动机。燃料电池发动机是一种将氢气和氧气通过电化学反应直接转化为电能的发电装置。其过程未涉及燃烧，无机械损耗，能量转化率高，产物仅为电、热和水，运行平稳，噪声低，又将其称为"终极环保发动机"。本项目主要讲授汽车氢燃料电池系统的概述、汽车氢燃料电池系统的布置方式及成本构成、氢燃料电池系统的基本组成，以及主要组成单元中的关键核心部件结构、基本工作原理、汽车氢燃料电池系统的自控策略及整个系统运行过程。

 任务一 认识汽车氢燃料电池系统

任务目标

知识目标	能力目标
（1）掌握汽车氢燃料电池系统组成。 （2）掌握汽车氢燃料电池系统布置方式。 （3）了解汽车氢燃料电池系统成本构成	（1）能掌握汽车氢燃料电池系统布置不同方式的优缺点。 （2）能分析汽车氢燃料电池系统关键部件组成的逻辑关系

任务分析

通过对汽车氢燃料电池系统组成的学习，了解各子系统构建的逻辑关系及其基本工作过程；通过燃料电池电堆、氢罐与动力电池在车辆中的布置方式不同，掌握不同形式的汽车氢燃料电池系统布置的优缺点；了解汽车氢燃料电池系统的关键核心部件电堆在燃料电池系统中的成本占比情况。

任务工单

1. 学生分组					
班级		组号		授课教师	
组长		组员			

2. 任务
（1）用简图画出不同类型氢燃料电池系统的布置方式
（2）用流程图构建氢燃料电池系统关键部件组成的逻辑关系

3. 合作探究
（1）小组讨论，教师参与，确定任务（1）和（2）的最优答案，并检讨自己存在的不足
（2）每组推荐一个汇报人，进行汇报。根据汇报情况，再次检讨自己的不足

4. 评价反馈

（1）自我评价

评价指标	评价内容	分数/分	分数评定
信息收集能力	能有效利用网络、图书资源查找有用的相关信息等；能将查到的信息有效地传递到学习中	10	
感知课堂生活	能在学习中获得满足感，课堂生活的认同感	10	
参与态度，沟通能力	积极主动与教师、同学交流，相互尊重、理解、平等；与教师、同学之间是否能够保持多向、丰富、适宜的信息交流	15	
	能处理好合作学习和独立思考的关系，做到有效学习；能提出有意义的问题或能发表个人见解	15	
对本项目的认识	本项目主要培养的知识与能力，对将来工作的支撑作用	15	
辩证思维能力	能发现问题、提出问题、分析问题、解决问题、创新问题	10	
自我反思	按时保质地完成任务；较好地掌握知识点；具有较为全面、严谨的思维能力，并能条理清楚、明晰地表达成文	25	
自评分数		100	

（2）组间互评

汇报表述	表述准确	15	
	语言流畅	10	
	准确反映该组完成任务情况	15	
内容正确度	所表述的内容正确	30	
	阐述表达到位	30	
互评分数		100	

续表

（3）任务完成情况评价			
任务完成评价	能正确表述课程的定位，缺一处扣1分	20	
	描述完成给定任务应具备的知识、能力储备分析，缺一处扣1分	20	
	描述完成给定的零件加工应该做的过程文档，缺一处扣1分	20	
	汇报描述准确，语言表达流畅	20	
综合素质	自主研学、团队合作	10	
	课堂纪律	10	
任务完成情况分数		100	

知识链接

3.1 汽车氢燃料电池系统概述

认识汽车氢燃料电池系统

汽车氢燃料电池系统是一种使用氢气和氧气通过化学反应产生电能的动力系统，用于驱动电动汽车。汽车氢燃料电池系统主要是由燃料电池堆、氢气供应系统、氧气供应系统、控制系统、辅助系统等组成。

1. 燃料电池堆

燃料电池堆（Fuel Cell Stack）是汽车氢燃料电池系统的核心部件，它由多个燃料电池单元组成。每个燃料电池单元包含一个阳极（负极）和一个阴极（正极），通过化学反应将氢气和氧气转化为电能。燃料电池堆的输出电压和电流可以通过堆中的单元数目和连接方式进行调节。

2. 氢气供应系统

氢气供应系统负责将存储在氢气储罐中的氢气输送到燃料电池堆。它包括氢气储罐、氢气泵和氢气管道等组件。氢气储罐通常采用高压储氢技术，将氢气压缩储存，以提高氢气的储存密度。

3. 氧气供应系统

氧气供应系统负责将空气中的氧气输送到燃料电池堆的阴极。它包括空气滤清器、压缩机和阴极通道等组件。空气滤清器用于净化空气，防止杂质进入燃料电池堆。

4. 控制系统

汽车氢燃料电池系统还配备了控制系统，用于监测和控制燃料电池系统的运行。控制系统包括传感器、电子控制单元（ECU）和电池管理系统（BMS）等组件。传感器用于检测氢气和氧气的供应情况、温度、压力等参数，ECU根据传感器的反馈信息控制氢气和氧气的供应，以及调节燃料电池堆的输出功率。

5. 辅助系统

辅助系统包括冷却系统、废热回收系统和水管理系统等。冷却系统用于控制燃料电池堆和其他组件的温度，以保持系统的正常运行温度。废热回收系统用于回收燃料电池堆产生的废热，以提高能量利用效率。水管理系统用于控制水的供应和排放，保持燃料电池堆的湿度和水平衡。

如图3-1所示为丰田第一代氢燃料电池汽车燃料系统组成示意图，由燃料电池升压转换器、动力电池、高压氢气罐、燃料电池堆、电动机、电源控制单元等组成。

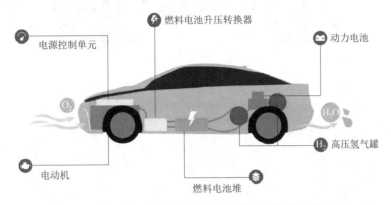

图3-1 丰田第一代氢燃料电池汽车燃料系统组成示意图

如图3-2所示为丰田Mirai二代燃料电池系统结构示意图，与第一代相比，系统的功能性和集成性都有很大的提高。

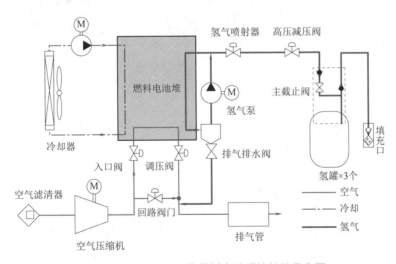

图3-2 丰田Mirai二代燃料电池系统结构示意图

3.2 汽车氢燃料电池系统布置方式

汽车氢燃料电池系统由于功能的不同，不同的燃料电池车之间存在不同布置方式。丰田Mirai一代、丰田Mirai二代、奥迪A7（H-tron版）、奥迪H-tron、奔驰B-Class F-CELL、奔驰GLC F-CELL、现代Nexo等7款燃料电池车车型布置方式对比如图3-3所示。

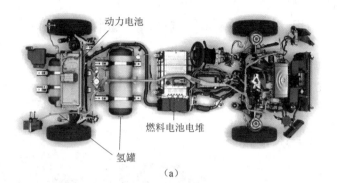

（a）

（b）

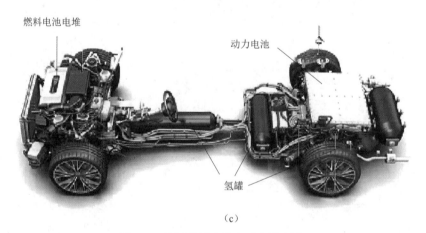

（c）

图 3-3　不同燃料电池车型布置方式

（a）丰田 mirai 一代；（b）丰田 mirai 二代；（c）奥迪 A7 跑车 H-tron 四驱车

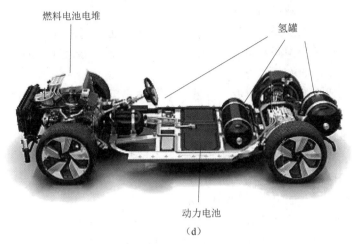

燃料电池电堆

氢罐

动力电池

（d）

图 3-3　不同燃料电池车型布置方式（续）

（d）奥迪 H-tron

从图 3-3 中可以看出，不同燃料电池车的主要区别在于燃料电池电堆、氢罐与动力电池在车辆中的布置方式，不同的布置位置会影响部件的形状。主要布置方式有以下 4 类：①氢罐沿车中轴纵置、车尾横置，动力电池后置，燃料电池电堆前置；②氢罐在车尾横置，动力电池中置，燃料电池电堆前置；③氢罐在车尾横置，动力电池后置，燃料电池电堆中置；④氢罐在车尾横置，动力电池后置，燃料电池电堆前置。

丰田与奔驰在早期开发时使用了相同的③类方案，随后都在更新的车型中换成①类方案。包括现代 NEXO 在内，其使用的④类方案与①类方案十分相似。随着车型的发展，在最新一代的车型中，大部分厂商都采用动力电池后置、燃料电池电堆（系统）前置的方案，而氢罐则有纵置也有横置。比如，奥迪 h-tron 的②类方案，使用了较大尺寸的电池包，容量相较①、②类方案更大。

根据电池与燃料电池电堆的配置不同，目前燃料电池车主要分为混动型和增程式两类。增程式的工作方式即采用充电模式；混动型可以再细分为"大功率电堆+小容量电池"与"中等功率电堆+中等容量电池"的方案，两类方案都可以实现所有工作模式。

3.3　燃料电池系统成本

相比于锂电池汽车的核心成本为三电系统，燃料电池汽车的成本主要为电堆，根据美国能源局的统计及计算，燃料电池堆作为燃料电池系统最核心的部件，其成本超过整个动力系统成本的 50%，如图 3-4 所示。

市场上的主流燃料电池（按电解质的不同分类）一共有 5 种，分别是质子交换膜燃料电池、固体氧化物燃料电池、碱性燃料电池、熔融碳酸盐燃料电池和磷酸燃料电池，其中质子

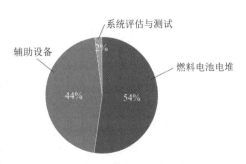

系统评估与测试

辅助设备

燃料电池电堆

44%

54%

2%

图 3-4　燃料电池汽车的成本占比

交换膜燃料电池最适合车载燃料汽车使用。

质子交换膜燃料电池主要由膜电极组件、双极板和密封圈组成。膜电极组件是其中关键部件组件，它由质子交换膜、催化剂及扩散气体层组成。催化剂目前主要以铂金为主，占燃料电池堆总成本的60%。

燃料电池堆高成本的主要因素是产量小、燃料电池系统复杂度高、材料昂贵；随着燃料电池生产规模化，以及技术方面的不断突破，其成本也在不断地降低。根据美国能源部的测算，如果产量能够扩大10倍，整车成本将下降23%；同时随着电堆技术的突破，成本将再下降23%；两者叠加带来的成本下降将达到45%。

燃料电池车的使用成本主要由3部分组成。

一是固定资产成本。2019年，长11 m的公交客车，采用60 kW燃料电池发动机、80 kW燃料电池电堆的，其均价在295万元左右，2019年年底—2020年，同种车型价格降至250万元左右；而采用传统柴油机的，其价格为40万~50万元。主要原因在于电堆成本过高，基本达到8 000~10 000元/kW。

二是燃料成本，按照100 km燃料成本计算，柴油大概150元/100 km，氢气需要400~500元/100 km。目前生产氢气的成本达到60元/g，当成本降到20元/g左右时，燃料成本可以与柴油机基本持平，但其成本还是会高于纯电车的成本。以现在氯碱化工生产氢气的技术，成本控制在20元/g需要规模化生产。

三是运营维护成本，以德勤与加拿大巴拉德动力系统公司发布的白皮书数据为例，重塑实业（上海）有限公司在上海的500辆物流车的运营成本占总成本40%以上。由于目前技术尚不成熟，基本每2辆车需要1个人专门维护。

思考与练习

（1）汽车氢燃料电池系统由哪几部分组成？
（2）汽车氢燃料电池系统布置方式有哪几种类型，各有什么优缺点？

实训工单

实训参考题目	认识汽车氢燃料电池系统			
实训实际题目	由指导教师根据实际条件和分组情况，给出具体实训题目，包括实训车型、具体实训项目、实训内容等。维护项目以场地、工具设备进行布置、氢能源汽车维修工具设备及高压安全防护用具使用、车载燃料电池系统进行现场日常维护、故障诊断和维修为主，根据分组情况可以分配不同的部件进行检测			
组长		组员		
实训地点		学时		日期
实训目标	（1）根据实际车型认识氢燃料电池系统组成。 （2）根据实际车型判别氢燃料电池系统布置形式。 （3）能分析汽车氢燃料电池系统关键部件组成的逻辑关系			

一、接受实训任务

　　一台实训车辆到达工作现场，识别车载氢燃料电池系统的各组成部分。根据认识到的氢燃料电池系统的组成，判别实训车氢燃料电池系统的布置形式。结合现有车辆氢燃料电池系统的布置形式，分析汽车氢燃料电池系统关键核心部件组成的逻辑关系

二、实训任务准备（以下内容由实训学生填写）

　　（1）实训车辆登记
车型：＿＿＿＿＿＿＿＿＿＿＿＿＿＿；车辆的识别代码：＿＿＿＿＿＿＿＿＿＿＿＿＿＿
　　（2）实训车辆里程数：＿＿＿＿＿＿＿＿＿＿＿。
　　（3）实训车辆检查。
有无刮痕痕迹：□无　□有；仪表能否正常显示：□能　□否
能否正常行驶：□能　□否；有无其他缺陷：□无　□有
　　（4）故障灯检查。
有无故障灯：□无　□有
　　（5）实训车辆检测与维护资料是否完整：□完整　□不完整（原因：＿＿＿＿＿＿＿＿＿）
　　（6）对氢燃料电池汽车的基础知识是否熟悉：□熟悉　□不熟悉
　　（7）本次实训需要的安全防护用品准备情况：□齐全　□不齐全（原因：＿＿＿＿＿＿＿）
　　（8）本次实训需要的专用仪器设备准备情况：□齐全　□不齐全（原因：＿＿＿＿＿＿＿）
　　（9）本次实训所需时长约：＿＿＿＿＿＿＿＿＿＿＿＿＿＿＿＿＿＿＿。
　　（10）实训完是否需要检验：□需要　　□不需要
　　（11）其他准备：＿＿＿＿＿＿＿＿＿＿＿＿＿＿＿＿＿＿＿＿＿＿

三、制订实训计划（以下内容由实训学生填写，指导教师审核）

　　（1）根据本次认识汽车氢燃料电池系统任务，完成物料的准备

完成本次实训需要的所有物料			
序号	物料种类	物料名称范例	实际物料名称
1	实训车辆	实训用氢燃料汽车一辆	
2	安全防护用品	护目镜	
		手套	
		安全帽	
		二氧化碳/干粉灭火器	
3	资料	车辆维护手册	

　　（2）根据操作规范及要求，制定相关操作流程

检测与维护操作流程		
序号	作业项目	操作要点

（3）根据实训计划，完成小组成员任务分工

操作员（1人）		安全员（1人）	
协作员（若干人）		记录员（1人）	

操作员负责具体实训内容的操作，安全员负责具体实训操作过程中的安全注意事项的总结，协作员负责协助操作员完成具体实训内容的操作，记录员做好检测与维护具体实训内容的记录

（4）指导教师对制订实训计划的审核

审核意见：

签字：　　　　　　年　　月　　日

四、实训计划实施

（1）从进入实训场地开始，到实训结束，完整记录实训过程的详细实施步骤、实施内容和实施结果。例如，实际步骤1，实施内容是准备好实训车辆，实施结果是把实训车辆放置在正确位置；实施步骤2，实施内容是做好个人防护，实施结果是做好安全防护，正确佩戴防护用具

实施步骤	实施内容	实施结果

（2）实训结论

系统名称	数量	实训车布置形式	备注
燃料电池堆			
氢气储罐			
动力电池			
燃料电池直流升压转换器			
动力控制单元			
动力电机			

续表

五、实训小组讨论

讨论1：查阅资料，估算本次实训车辆氢燃料电池系统及整车的成本。

_____

_____

_____

_____

_____

讨论2：乘用车辆和商用车辆在氢燃料电池系统布置形式上有什么差别？请举例说明。

_____

_____

_____

_____

_____

_____

六、实训质量检查

请实训指导教师检查本组实训结果，并针对实训过程中出现的问题提出改进措施及建议

序号	评价标准	评价结果
1	实训任务是否完成	
2	实训操作是否规范	
3	实施记录是否完整	
4	实训结论是否正确	
5	实训小组讨论是否充分	
综合评价	□优　　□良　　□中　　□及格　　□不及格	
问题与建议	问题： 建议：	

实训成绩单			
项目	评分标准	分值	得分
接受实训任务	明确任务内容，理解任务在实际工作中的重要性	5	
实训任务准备	实训任务准备完整	5	
	掌握氢燃料电池汽车的基础知识	5	
	能够正确识别氢燃料电池汽车的关键部件	5	
制订实训计划	物料准备齐全	5	
	操作流程合理	5	
	人员分工明确	5	
实训计划实施	实训计划实施步骤合理，记录详细	10	
	实施过程规范，没有出现错误	10	
	能够正确对实训车辆基础知识进行讲解	15	
	能够对实训得出正确结论	10	
实训小组讨论	实训小组讨论热烈	5	
	实训总结客观	5	
质量检测	学生实训任务完成，实训过程规范，实施记录完整，结论正确	10	
实训考核成绩		100	

七、理论考核试题	成绩:

简答题（每题 50 分，共 100 分）

（1）本次实训车辆的车载氢燃料电池系统由哪几部分组成？

_____

_____

_____

_____

（2）本次实训车辆氢燃料电池系统布置方式属于哪种类型？有什么优缺点？

_____

_____

_____

_____

_____

实训考核成绩		理论考核成绩	
综合考核成绩		指导教师签字	

任务二　汽车氢燃料电池系统的组成及工作原理

任务目标

知识目标	能力目标
（1）掌握汽车氢燃料电池系统的组成。 （2）掌握各子系统关键核心部件的构造及工作原理	（1）能分析燃料电池堆结构及工作原理。 （2）能分析氢气供应系统结构及工作原理。 （3）能分析空气供应系统结构及工作原理。 （4）能分析水热管理系统结构及工作原理。 （5）能分析电控系统结构及工作原理

任务分析

　　通过对汽车氢燃料电池系统的组成及工作原理的学习，了解各子系统构建的逻辑关系及其基本工作过程；通过对燃料电池电堆结构及工作原理的学习，掌握燃料电池单体电池、电池电堆堆栈结构、燃料电池电堆模块等重要部件的组成及工作原理；根据供给系统的组成，掌握氢气循环泵、高压储罐、氢气喷射器、氢气引射器、气水分离器、空气滤清器、空气流量计、空压机等主要部件的组成及工作原理；通过学习水热管理系统、电控系统，掌握其系统主要组成部件及系统工作原理。

任务工单

1. 学生分组					
班级		组号		授课教师	
组长		组员			
2. 任务					
（1）燃料电池堆的组装					

续表

（2）供给系统的组成及工作原理

3. 合作探究

（1）小组讨论，教师参与，确定任务（1）和（2）的最优答案，并检讨自己存在的不足

（2）每组推荐一个汇报人，进行汇报。根据汇报情况，再次检讨自己的不足

4. 评价反馈

（1）自我评价

评价指标	评价内容	分数/分	分数评定
信息收集能力	能有效利用网络、图书资源查找有用的相关信息等；能将查到的信息有效地传递到学习中	10	
感知课堂生活	能在学习中获得满足感，课堂生活的认同感	10	
参与态度，沟通能力	积极主动与教师、同学交流，相互尊重、理解、平等；与教师、同学之间是否能够保持多向、丰富、适宜的信息交流	15	
	能处理好合作学习和独立思考的关系，做到有效学习；能提出有意义的问题或能发表个人见解	15	
对本课程的认识	本课程主要培养的能力、本课程主要培养的知识、对将来工作的支撑作用	15	
辩证思维能力	能发现问题、提出问题、分析问题、解决问题、创新问题	10	
自我反思	按时保质地完成任务；较好地掌握知识点；具有较为全面、严谨的思维能力，并能条理清楚、明晰地表达成文	25	
自评分数		100	

（2）组间互评

	表述准确	15	
汇报表述	语言流畅	10	
	准确反映该组完成任务情况	15	
内容正确度	所表述的内容正确	30	
	阐述表达到位	30	
互评分数		100	

续表

（3）任务完成情况评价			
任务完成评价	能正确完成燃料电池堆的组装	30	
	能正确阐述供给系统的组成及工作原理	30	
	汇报时描述准确，语言表达流畅	20	
综合素质	自主研学、团队合作	10	
	课堂纪律	10	
任务完成情况分数		100	

知识链接

3.4 燃料电池堆

燃料电池堆是氢燃料电池系统的核心部件，它将氢气和氧气通过化学反应产生电能。氢燃料电池堆的结构组成主要包括以下几个部分：

燃料电池堆

1. 电解质膜

电解质膜（Proton Exchange Membrane，PEM）是氢燃料电池堆的关键组件之一。它通常由聚合物材料制成，具有高离子传导性能和良好的化学稳定性。电解质膜用于隔离氢气和氧气两侧，并促进质子（氢离子）的传输。

2. 阳极

阳极（Anode）是氢燃料电池堆中的氢气侧电极。它通常由催化剂层、电导层和氢气扩散层组成。催化剂层通常使用贵金属（如铂）作为催化剂，用于促进氢气的电化学氧化反应。电导层用于传导电子，而氢气扩散层则用于均匀分布氢气。

3. 阴极

阴极（Cathode）是氢燃料电池堆中的氧气侧电极。它也由催化剂层、电导层和氧气扩散层组成。催化剂层通常使用贵金属（如铂）作为催化剂，用于促进氧气的电化学还原反应。电导层用于传导电子，而氧气扩散层则用于均匀分布氧气。

4. 双极板

双极板（Bipolar Plates）位于阳极和阴极之间，用于支撑和固定电解质膜、阳极和阴极。双极板通常由导电材料制成，具有良好的导电性能和耐腐蚀性。

5. 冷却板

冷却板（Cooling Plates）位于氢燃料电池堆的外侧，用于散热和保持电池堆的温度稳定。冷却板通常由导热材料制成，通过循环流体（如水或冷却剂）来吸收热量并将其散发出去。

6. 压力板

压力板（Compression Plate）位于燃料电池堆的顶部和底部，用于提供压力，确保各个组件的良好接触，并维持电解质膜的紧密结构。

以上是氢燃料电池堆的主要结构组成部分。这些组件的设计和优化对氢燃料电池堆的性能和稳定性具有重要影响。随着技术的进步和应用的推广，研究人员和工程师们不断探索新的材料和结构设计，以提高氢燃料电池堆的效率、耐久性和成本效益，推动氢能技术的发展与应用。

如图 3-5 所示是燃料电池堆的组成部件结构示意图。

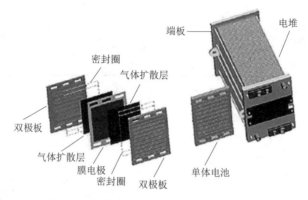

图 3-5   燃料电池堆的组成部件结构示意图

3.4.1   燃料电池单体电池

燃料电池单体电池是燃料电池系统的基本单元，由阳极、阴极和电解质膜组成。阳极负责氢气的电化学氧化反应，阴极负责氧气的电化学还原反应，电解质膜用于隔离两侧并促进质子传输。除此之外，还包括双极板用于支撑和固定组件，冷却板用于散热和保持温度稳定。这些组件共同协作，将燃料和氧气转化为电能，如图 3-6 所示。

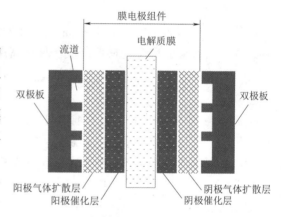

图 3-6   燃料电池单体电池结构示意图

3.4.2   电堆堆栈结构

电堆堆栈是燃料电池系统中用于提供更大功率输出的关键组件。它由多个燃料电池单元（单体电池）组成，每个单体电池由阳极、阴极和电解质膜构成。单体电池通过将燃料（如氢气）和氧气反应转化为电能。双极板位于单体电池之间，用于支撑和固定单体电池，并提供电子和气体的通道。冷却板用于散热和维持堆栈温度稳定。排气系统用于排出废气，保持堆栈正常运行。气体供应系统提供燃料和氧气给单体电池。控制系统监测和调节堆栈运行状态，包括温度、压力和电流等参数。这些组件共同协作，使堆栈能够高效、稳定地将燃料转化为电能。一般的电堆堆栈结构示意如图 3-7 所示。

这种堆栈结构就是燃料电池系统的核心，也是燃料电池的关键技术，电堆堆栈结构的剖面示意如图 3-8 所示，实体结构示意如图 3-9 所示。

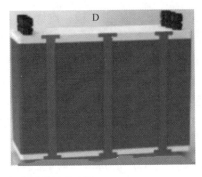

图 3-7　一般的电堆堆栈结构示意

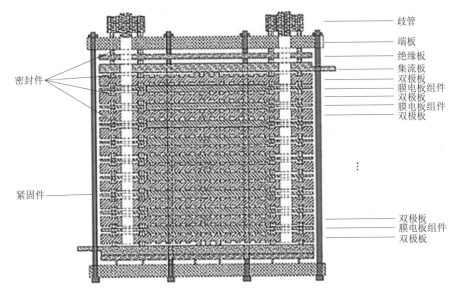

图 3-8　电堆堆栈结构的剖面示意

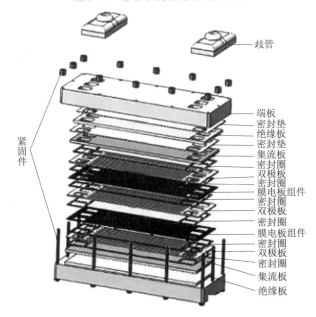

图 3-9　电堆堆栈实体结构示意

燃料电池电堆堆栈主要由端板、绝缘板、集流板、双极板、膜电极组件、紧固件、密封圈 7 个部分组成。

1. 端板

燃料电池电堆堆栈的端板是堆栈的关键组成部分，具有多重作用。首先，它提供了机械支撑和固定，确保堆栈内部组件的稳定性和安全性。其次，端板上的电极与堆栈内的单体电池电极连接，实现电流的传输，确保电子的顺畅流动。此外，端板上的气体通道用于将燃料和氧气分配到堆栈中的单体电池，实现气体的均匀分布，提高堆栈的效率。同时，端板上的导流板用于引导和分配冷却剂流体，控制堆栈的温度，确保堆栈在合适的工作温度范围内。通过优化设计和材料选择，端板能够提高堆栈的性能、稳定性和可靠性，推动燃料电池技术的应用和发展。端板根据形状的不同有圆形、方形等，如图 3-10 所示。

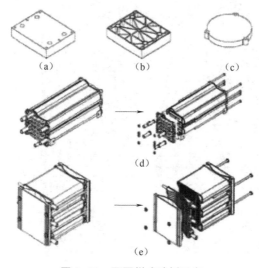

图 3-10　不同样式端板示意

（a）方形端板；（b）加筋方形端板；（c）圆柱形端板；（d）Bomb 形端板；（e）D 形端板

2. 绝缘板

绝缘板对燃料电池功率输出无贡献，仅对集流板和后端板起到电隔离作用。为了提高功率密度，要求在保证绝缘距离（或绝缘电阻）前提下最大化减少绝缘板厚度及质量。但减少绝缘板厚度存在制造过程产生针孔的风险，并且可能引入其他导电材料，引起绝缘性能降低。其结构示意如图 3-11 所示。

图 3-11　绝缘板示意

3. 集流板

集流板是将燃料电池的电能输送到外部负载的关键部件。首先，它负责收集和传递堆栈中产生的电流，将电子流导向外部电路，实现电能的输出。其次，集流板通常由导热材料制成，能够有效地传导和散热堆栈中产生的热量，帮助控制堆栈的温度，保持合适的工作温度。此外，集流板作为堆栈的组件之一，提供了机械支撑和固定，增强了堆栈的结构强度，防止组件的位移或损坏。同时，集流板上的气体通道用于将燃料和氧气分配到堆栈中的单元，确保气体的均匀分布，提高堆栈的效率。因燃料电池的输出电流较大，一般都采用电导率较高的金属材料制成的金属板（如铜板、镍板或镀金的金属板）作为燃料电池的集流板，如图3-12所示。

图3-12　集流板实物

4. 双极板

双极板是堆栈中的重要组成部分，具有多重作用。首先，起到了电子和离子传输的通道作用。它连接了堆栈中的正极和负极，使电子和离子能够顺利地在电堆堆栈中流动。

其次，双极板承载了堆栈中的化学反应。在燃料电池中，燃料和氧气在双极板上进行氧化还原反应，产生电子和离子。电子通过外部电路流动，产生电能，而离子则通过电解质膜传递，维持电中和。

另外，双极板还具有导电和散热的功能。它通常由具有良好导电性和热传导性的材料制成，如碳纸或金属材料。通过双极板，电子能够高效地传输，将产生的电流导出堆栈。同时，双极板能够帮助散热，将堆栈中产生的热量有效地传导和散发出去，维持堆栈的适宜工作温度。

此外，双极板还起到了机械支撑和固定的作用。它能够增强堆栈的结构强度，防止组件的位移或损坏，确保堆栈的稳定性和可靠性。双极板实物如图3-13所示。

图3-13　双极板实物

5. 膜电极组件

膜电极是堆栈中的重要组成部分，具有多重作用。首先，膜电极扮演着电子和离子传输的通道。它由具有催化活性的材料组成，如贵金属催化剂，能够促进氧化还原反应。膜电极连接了燃料侧和氧气侧的电子和离子，使燃料和氧气能够在反应中发生电化学反应。

其次，膜电极在燃料电池中起到了催化剂的作用。它提供了活性位点，促进氧化还原反应的发生。在阳极侧，膜电极催化剂促使燃料氧化反应，将燃料转化为电子和离子。在阴极侧，膜电极催化剂促使氧还原反应，将氧气与电子和离子结合生成水。这些反应在膜电极上同时进行，产生电子流和离子流，从而产生电能。

另外，膜电极还具有传递热量的功能。它通常采用薄膜形式，能够有效地传导和散热堆栈中产生的热量。通过膜电极，堆栈中的热量可以迅速传递到周围环境，帮助控制堆栈

的温度，保持适宜的工作温度。膜电极组件实物如图 3-14 所示。

图 3-14　膜电极组件实物

6. 紧固件

紧固件的作用主要是维持电堆各组件之间的接触压力，为了维持接触压力的稳定及补偿密封圈的压缩永久变形，端板与绝缘板之间还可以添加弹性元件。紧固件实物如图 3-15 所示。

（a）　　　　　　　　　（b）　　　　　　　　（c）

图 3-15　紧固件实物

（a）螺杆式；（b）扎带式；（c）拉杆式

7. 密封圈

密封圈示意如图 3-16 所示。燃料电池使用密封圈的主要作用是保证电堆内部的气体和液体正常、安全地流动，为此需要满足以下要求。

（1）较高的气体阻隔性：保证对氢气和氧气的密封。

（2）低透湿性：保证高分子薄膜在水蒸气饱和状态下工作。

（3）耐湿性：保证高分子薄膜工作时形成饱和水蒸气。

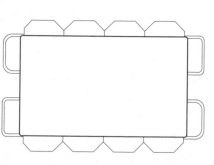

图 3-16　密封圈示意

（4）环境耐热性：适应高分子薄膜工作的工作环境。

（5）环境绝缘性：防止单体电池间电气短路。

（6）橡胶弹性体：吸收振动和冲击。

（7）耐冷却液：保证低离子析出率。

3.4.3　燃料电池电堆模块

在实际应用中，电堆的堆栈及其他附件都是封装于一个壳体之内的，实际应用中成品电堆如图 3-17 所示。

封装壳体需要注意以下几个方面的要求。

（1）壳体材料密度要小、强度要高，且易于机械加工成形。

（2）内部需要考虑接触位置，电堆的短路防护。

图 3-17　电池电堆模块实物

（3）具有一定的外界防水能力。

（4）具有一定的酸碱防腐蚀能力，且具有一定的高低温耐久性。

封装壳体由电堆堆栈本体、堆栈与壳体的固定模块、巡视模块、汇流排模块、壳体内部与大气环境的交互模块等组成。如图 3-18 所示为丰田第一代电堆封装壳体内的模块示意。

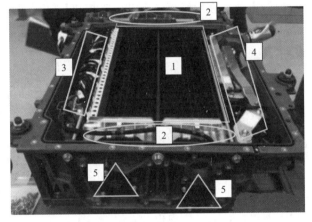

图 3-18　丰田第一代电堆封装壳体内的模块示意
1—电堆堆栈本体；2—堆栈与壳体的固定模块；3—巡检模块；
4—汇流排模块；5—壳体内部与大气环境的交互模块

（1）电堆堆栈本体。

电堆堆栈本体（见图 3-19）是燃料电池电堆系统的核心，发生电化学反应以提供动力的场所。

图 3-19　电堆堆栈本体

（2）堆栈与壳体的固定模块。

该模块的作用是保证堆栈与壳体固定在一起，避免在外力载荷作用下，堆栈在壳体内发生滑动，从而影响堆栈的结构稳定性。

（3）巡检模块。

巡检模块作为燃料电池模块中唯一的电子模块，主要用于采集燃料电池电压，同时作出简单的故障诊断（如最低单体电压报警等）。将采集到的信息与燃料电池控制器实现交互。

（4）汇流排模块。

该模块为燃料电池模块中高压电气部件的一部分，其主要作用是汇集电流，并通过高压接插件向外界输出电流。

（5）壳体内部与大气环境的交互模块。

壳体上有开口可与大气相通，从而避免壳体内渗漏氢气的聚集；开口处必须有防水功能，避免外部水分进入壳体内，导致壳体内水的冷凝聚集；另外，壳体的开口应具有向外排水而向内止水的功能。各个电堆厂家的方案有所不同，有的采用防水透气膜，安装于封装壳体上；有的采用吹扫的方式，在封装壳体上开设吹扫口，通过主动吹气的方法排除壳体内部的氢气和水分。

3.5 氢气供应系统

氢气供应
子系统

燃料电池系统的氢气供应系统负责为燃料电池堆栈提供高质量、纯净且安全的氢气，以支持燃料电池的可靠运行。这一子系统涵盖了氢气的存储、压缩、净化、传输和安全监测等方面。

氢气储存罐用于安全地存储高压氢气。储存罐通常由高强度材料制成，如碳纤维复合材料或金属合金，以承受高压并持续供应氢气给燃料电池堆栈。

氢气压缩机将氢气从储存罐抽取并压缩至适当的供气压力，满足燃料电池堆栈的需求。通常，电动机驱动压缩机，将氢气压力提升到所需水平。

氢气净化系统去除氢气中的杂质和不纯物质，确保氢气质量。采用吸附剂、过滤器和催化剂等装置，去除水分、残余气体和有害物质，以保证燃料电池的稳定运行。

氢气传输管道负责将氢气从储存罐输送到燃料电池堆栈。这些管道由高强度材料制成，如不锈钢或钢铁，并经过特殊处理以确保氢气的安全传输和密封性能。

安全装置和监测系统确保氢气供应的安全性。安全装置包括泄漏检测器、阀门和紧急切断装置，用于处理泄漏或其他危险情况。监测系统用于监测氢气的浓度和压力，及时发现异常情况并采取相应措施。

氢燃料电池车上氢气供应系统可以分为两部分，一部分为车载高压供氢系统，一般由气罐供应商或供氢系统供应商提供；另一部分为低压供氢部分，一般集成在燃料电池发动机上。氢气供应系统构成包括储氢模块、加氢模块和调压模块（组合阀），如图 3-20 所示。

（1）储氢模块：包含高压复合材料气罐、气罐支架及连接管路等，每只罐口配置一个罐阀，罐尾配置一个热溶栓（TRD），气罐通过管路并联。

（2）加氢模块：包含加氢口及高压压力表，加氢口集成有加氢嘴、过滤器及单向阀等

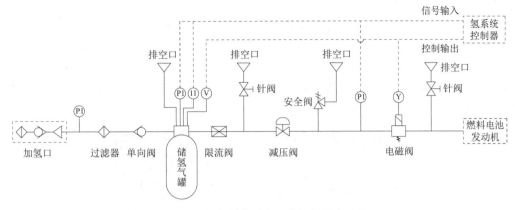

图 3-20　氢燃料电池车上的氢气供应系统

功能部件。加氢模块还可根据用户要求集成高压排气阀，用于气罐内气体置换及车辆维修、保养时主动排放气罐内高压氢气。

（3）调压模块（组合阀）：高度集成，功能强大，可使氢气供应系统大幅简化。组合阀内部包含过滤器、减压阀、低压泄放阀、排气截止阀、压力传感器（选配）等功能部件。低压泄放阀用于在减压阀出现锁闭故障而导致出口压力超压时，通过低压排气管路泄放超压氢气。排气截止阀用于在气体置换、氢气供应系统维修、保养时，主动排放瓶阀下游管路内的氢气。

3.5.1　氢气循环泵

氢气循环泵是氢气供应系统核心组件，其将未反应的氢气循环使用，提高氢气的利用率。同时，也将生成的水进行循环，实现燃料电池系统的自增湿功能。

氢气循环泵的组成包括电机驱动器、泵体和控制器。电机驱动器为泵提供动力，使其能够将氢气从燃料电池的出口端输送回进口端。泵体是氢气循环泵的核心部分，负责承载和输送氢气。控制器则负责监测并调节氢气流量，以确保燃料电池堆栈的高效运行。

为了提高燃料电池的反应效率，减少燃料电池在加速时的反应时间，一般燃料电池的氢气供给量大于氢气的理论消耗量。如果不使氢气循环，将这些过量供应的氢气直接随尾气排放，将会造成氢气的大量浪费。以燃料电池系统的某一运行工况为例，在一个循环测试工况下，燃料电池堆侧的氢气理论消耗量为 2.35 kg，而其实际消耗量为 3.84 kg，也就是说，有 1.52 kg（占实际消耗量的 39.3%）的氢气没有被利用。因此，为提高氢气利用率、提高氢燃料的经济性，氢气循环很有必要。

比氢气浪费更让人关注的是氢气的排放安全，如果不做氢气循环，那么大量未反应的氢气直接经尾排口排放至大气中，会造成极大的高浓度排氢隐患。国标《燃料电池电动汽车　安全要求》（GB/T 24549—2020）中对燃料电池整车氢气排放做出具体要求。按照《燃料电池电动汽车　整车氢气排放测试方法》（GB/T 37154—2018）中"6.1 怠速热机状态氢气排放"章节规定的试验方法进行测试，在进行正常操作（包括起动和停机）时，任意连续 3 s 内排放的平均氢气体积浓度应不超过 4%，且将燃料电池堆内部电化学反应生成的水循环至氢气入口，起到给进气加湿的作用，改善燃料电池堆内的湿润水平，提高了水管理能力，进而提升燃料电池堆的输出特性。

氢气循环泵将燃料电池堆电化学反应生成的部分水与外界氢气进气相混合，进而起到进气增湿的作用，帮助燃料电池堆实现"自增湿"，由此，越来越多的系统厂商逐渐取消了增湿器这一部件，有助于精简燃料电池的系统结构，使燃料电池系统的体积更小。

基于以上原因，系统中设置氢气循环极有必要，要实现氢气循环则必须用到引射器或氢气循环泵。氢气循环泵实体如图3-21所示。

图 3-21　氢气循环泵实体

氢气循环也可以用引射器替代，常将引射器与氢气循环泵进行对比，相比于引射器，氢气循环泵的优点在于适用燃料电池堆的功率范围更加宽泛，基本能够实现全功率覆盖，并且稳定性较好；其缺点在于，氢气循环泵是个电驱动件，工作时会有寄生功率，因此，会降低燃料电池系统的输出功率。

氢气循环泵通常有离心式、旋涡式、罗茨式、螺杆式等多种结构，但不管什么型式，本质上氢气循环泵都是一台基于氢气介质的气泵，只是基于燃料电池的使用场景，对气泵有了更高的要求，主要体现如下。

（1）良好的密封性能。由于燃料电池的运行机理，要求其工作时完全无油，否则会引起催化剂中毒，影响其输出性能，严重时甚至造成输出故障。因此，对燃料电池的密封性要求很高，尤其是长时间运行条件下的密封可靠性尤其重要。

（2）低振动噪声。氢气循环泵是燃料电池系统的主要噪声源之一，而在汽车行驶过程中，良好的NVH性能（噪声、振动和声振粗糙度）是乘员舒适性的重要指标，因此，要求氢气循环泵工作时噪声尽可能低。

（3）低温冷起动能力。目前，通常要求燃料电池汽车能够在-30 ℃，甚至-40 ℃的低温条件下正常起动。但在此低温环境下，氢气循环泵内常常出现结冰现象，要实现该低温条件下的正常起动，优异的破冰能力也是氢气循环泵所应具备的。

（4）涉氢安全性。由于介质是氢气，首要考虑的问题就是涉氢安全，因此，要保证氢气循环泵的气密性较好，即在任何条件下，都不能有氢气外漏的情况。

（5）抗电磁干扰能力。氢气循环泵一般是通过控制器局域网（CAN）信号控制，因此，需要具备较强的抗电磁干扰能力，以防由于周边的电磁干扰出现失速、降速的情况。

（6）耐腐蚀性。氢气循环泵的耐腐蚀性通常通过盐雾试验进行测试验证，利用盐雾试验设备创造的人工模拟盐雾试验环境来考究其耐腐蚀能力。

在性能表现方面，一般最受关注的是氢气循环泵的升压能力，具体体现是其 MAP 图。以普旭（BUSCH）氢气循环泵为例，如图 3-22 和图 3-23 所示。

图 3-22　BUSCH 氢气循环泵

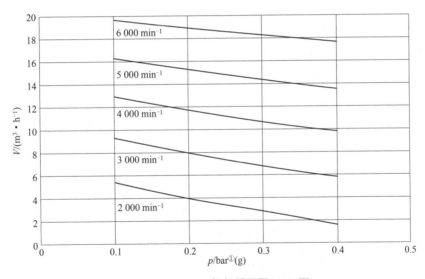

图 3-23　BUSCH 氢气循环泵 MAP 图

除了 MAP 图，在氢气循环泵开发或燃料电池系统集成开发过程中，一般还关注其动态响应特性，即氢气循环泵从接收到指令，从 0 转速加载到指定转速所需的加载时间（降载时间亦然）。

---

① 1 bar＝0.1 MPa。

3.5.2 高压储罐

高压储罐是承载氢气的关键装备，在氢气的制取、运输、加氢站、应用终端都发挥着重要的作用，是目前氢气储运应用最多的装备。

传统工业用高压氢气储氢罐通常都是用结构细长、厚壁的 15 MPa 储氢罐，用绿色标注氢气罐，最常用的高压氢气罐的材料是奥氏体不锈钢。但氢气作为能源储量需要提升标准，加氢站通常要求每天加氢量达到 500~1 000 kg，站内储氢的容积和压力都大幅增加，对装备的要求也明显提高。目前加氢站主要有两种压力要求，一种是满足 35 MPa 加氢要求的加氢站，一种是满足 70 MPa 加氢要求的加氢站，目前国内以 35 MPa 为主，国外以 70 MPa 为主。

如用于 35 MPa 氢气加氢站，压力容器采用钢质无缝高压储氢罐式容器，工作压力/设计压力为 45 MPa/50 MPa，单只储氢容器容积覆盖 500~4 000 L 或根据需要定制。国内 35 MPa 加氢站储氢容器设计压力/工作压力为 50 MPa/45 MPa，国外设计压力/工作压力为 8 000 psi[①]/7 000~7 200 psi。

根据需要设计罐组布置类型：用于 70 MPa 氢气加氢站，容器采用钢质无缝高压储氢罐式容器，国内设计压力/工作压力为 99 MPa/87.5~90 MPa，国外同类产品设计压力/工作压力为 103 MPa/87.5~93 MPa；单只储氢容器容积 250~750 L。

对于较大的加氢站，容器布置时，通过罐组支架灵活配置容器排列可节约占地。罐组布置可采用 3×1、3×2、3×3、4×1、4×2（排数×列数）等组合，或根据具体环境进行设计。为满足氢气储存安全需求，储氢容器采用无缝结构，非焊接工艺，旋压一体成形。经过不断优化热处理技术，厚壁容器的淬透性得到提高。储氢材料在氢气中的力学性能试验应满足 GB/T 34542.2 等标准的要求。氢脆敏感度试验应满足 GB/T 34542.3 中的要求，确保产品的耐氢脆性能。

丰田 Mirai 上搭载的储氢罐为Ⅳ型罐，采用了 3 层结构，即塑料内衬（树脂内胆）、碳纤维强化树脂中层和玻璃纤维强化树脂外层，如图 3-24 所示。

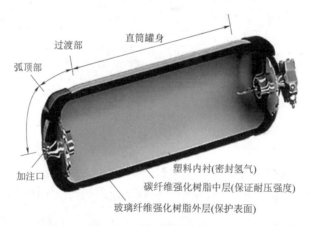

图 3-24 Ⅳ型罐结构图示

---

① 1 psi≈6.894 kPa。

其中，内衬用于密封氢气，并作为缠绕芯模的作用，基本不承受载荷。碳纤维强化树脂中层确保高耐压强度，玻璃纤维强化树脂外层用于保护氢罐的外表面。

3.5.3 氢气喷射器

氢气喷射器根据实际工况，供给燃料电池堆所需的氢气的量。

在 Mirai 燃料电池系统中，氢气喷射器是氢气供应系统中的核心部件，高压储氢罐中的 70 MPa 氢气，经过调压阀将压力减至 1.0~1.5 MPa，经过氢气喷射器将压力降低至燃料电池工作所需的压力（40~300 kPa）。

如图 3-25 所示为丰田 Mirai 燃料电池系统中的氢气喷射器实物，其具有 3 个喷嘴，3 个喷嘴并不是同启同闭，而是根据一定的控制策略适时启闭。在丰田 Mirai 燃料电池汽车行驶时，氢气喷射器的 3 个喷嘴根据燃料电池堆的功率需求逐渐开启。一般而言，喷嘴 1、2 的开启伴随燃料电池堆的全功率范围，只有燃料电池堆的功率达到峰值功率的 60% 时才会开始工作。

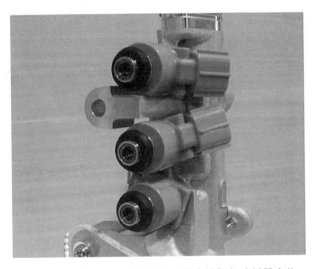

图 3-25　丰田 Mirai 燃料电池系统中的氢气喷射器实物

当丰田 Mirai 燃料电池汽车启动时，由于燃料电池堆的输出功率较低（大概只有峰值功率的 10%），所需的氢气流量较低，因此，氢气喷射器中只有喷嘴 1 工作。

3.5.4 氢气引射器

氢气引射器结构示意如图 3-26 所示。氢气引射器的作用与氢气循环泵的作用类似，与氢气循环泵的不同之处在于，氢气引射器是纯机械件，当按照燃料电池堆的额定功率设计时，使引射器只能在一定的工作区间内起作用，尤其是燃料电池低功率时，引射器的作用较小。为解决这一问题，

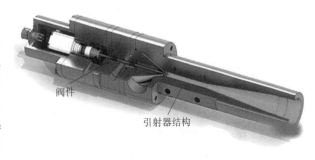

阀件

引射器结构

图 3-26　氢气引射器结构示意

可设计大、小两个引射器配合使用，或者配合一个合适规格的氢气循环泵使用。氢气引射器具有 3 个进、出气口，分别对应高压气源入口、中压气体出气口和低压气体吸入口，如图 3-27 所示为氢气引射器的内部结构。

图 3-27　氢气引射器的内部结构

简单来说，引射器的设计是根据伯努利原理，即在水流或气流里，如果速度小，则压强大，反之，如果速度大，则压强小。引射器中氢气流速与压力的对应关系如图 3-28 所示。

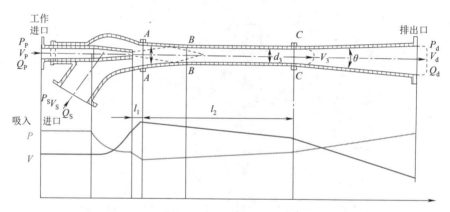

图 3-28　引射器中氢气流速与压力的对应关系

氢气从 A 口进入氢气引射器，在喷嘴口位置高速喷出，根据伯努利定理，高速气体，压强低，使腔体内的压力降低，进而通过 B 口吸入燃料电池堆中未反应的氢气，高压气源过来的氢气（A 口）和通过 B 口引射回的低压氢气在混合室内经过混合后再进入电堆。

3.5.5　气水分离器

气水分离器实物如图 3-29 所示。燃料电池氢气供应系统中的气水分离器是用于将氢气和水分离的关键组件。气水分离器通常采用物理分离和重力分离的原理来实现氢气和水的分离。它通常包括一个分离腔室，氢气和水进入该腔室后，通过改变流动方向和速度，使氢气和水分离。氢气通过分离器的顶部排出，而水则通过底部

图 3-29　气水分离器实物

排出。在分离腔室内，通常还会设置一些隔板或过滤器，以进一步增强分离效果。

气水分离器的一般技术要求如下。

（1）分离效率：气水分离器需要具备高效的分离能力，确保在燃料电池氢气供应系统中，氢气和水能够有效分离。

（2）低压降：气水分离器应具备低的压降，以减少系统的能耗和压力损失。

（3）抗腐蚀性：燃料电池氢气供应系统中的气水分离器需要具备良好的抗腐蚀性能。由于氢气的高纯度要求，分离器应能够耐受氢气中可能存在的腐蚀性物质和杂质。

（4）耐高温性：气水分离器需要能够耐受高温环境，以适应燃料电池氢气供应系统中的工作条件。高温环境下的分离器应保持稳定的性能和可靠性。

（5）体积小、质量轻：燃料电池氢气供应系统通常需要紧凑的设计，因此气水分离器需要具备小体积和轻质量的特点，以便更好地集成到系统中，减少空间占用。

（6）维护便捷：气水分离器应具备易于维护和清洁的特性，以便定期清理和维护，保持其正常运行。

3.6 空气供应系统

燃料电池的空气供应系统对进入燃料电池的空气进行过滤、加湿及压力调节，为燃料电池的阴极供给适宜状态的空气（氧气）。以丰田 Miria 为例，空气供给系统主要由空气滤清器、空压机、中冷器、三通阀、背压阀及消声器等部件组成，如图 3-30 所示为丰田 Mirai 燃料电池空气系统组成示意。

空气供应
子系统

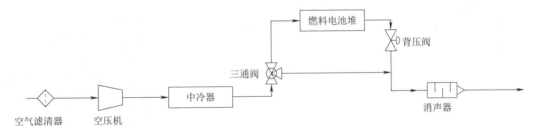

图 3-30 丰田 Mirai 燃料电池空气系统组成示意

3.6.1 空气滤清器

燃料电池的性能受进气空气品质影响较大，空气中的有害气体会对燃料电池造成严重的损害，其中，SO_2 对燃料电池的损害最大，SO_2 对阴极催化剂具有强吸附作用，从而引起催化剂中毒，导致燃料电池性能下降，严重时甚至可能会导致反应中断。

因此，在空气进入燃料电池堆之前，通常通过空气滤清器（见图 3-31）对空气进行处理，一方面要通过物理过滤层对空气中的颗粒物进行过滤，另一方面还需要对杂质气体，如 SO_2 及 NO_x 等进行化学吸附，以提高反应气体的纯净度。

燃料电池空气滤清器在设计时需要满足以下功能要求。

（1）满足吸附穿透时间、吸附容量、过滤效率的要求。

（2）较小的空气流动阻力、压降及能耗。

（3）具有一定消除噪声的功能。

图 3-31　空气滤清器

（4）具有一定的机械强度和稳定性。

（5）结构紧凑简单，便于更换滤芯，成本低。

空气滤清器在设计时需要结合燃料电池系统的进气需求，充分考虑空气的过滤效果和压损，过滤效果不好会导致燃料电池的性能输出差，而压损过大会影响空压机的进气，严重时甚至导致空压机进气困难，导致燃料电池空气供给不足，严重影响其性能输出。

3.6.2　空气流量计

燃料电池空气供应系统中，空气流量计（见图 3-32）是一个关键部件。燃料电池发动机中用到的空气流量计与传统发动机上用的空气流量计基本一致，主要功能是用来测量进入空气管道的空气流量，进而用于标定进入燃料电池阴极的氧气的过量系数，对于燃料电池堆及燃料电池系统的性能有较大影响。

图 3-32　空气流量计

一般而言，对燃料电池系统中空气流量计的技术要求如下。

（1）测量范围：空气流量计应具备广泛的测量范围，以适应不同工作条件下的空气流量变化。

（2）精度：空气流量计应具备高精度的测量能力，以确保准确的流量控制和稳定的系统运行。

（3）响应时间：空气流量计需要具备快速的响应时间，以实时监测和调节空气流量。

（4）稳定性：空气流量计应具备良好的长期稳定性，能够在长时间运行中保持准确的测量结果。

（5）抗污染能力：燃料电池系统中的空气流量计需要具备一定的抗污染能力，能够在面对空气中的颗粒物、湿气和其他污染物时保持正常的测量能力。

（6）温度和压力适应性：空气流量计需要能够适应不同的温度和压力条件。这是因为燃料电池系统中的空气流量在不同工况下会发生变化，需要流量计能够适应这些变化，并提供准确的测量结果。

（7）可靠性和耐久性：空气流量计应具备良好的可靠性和耐久性，能够在长时间运行中保持稳定的性能。

下面以 BOSCH 的空气流量计为例，介绍空气流量计的结构和原理，如图 3-33 所示。

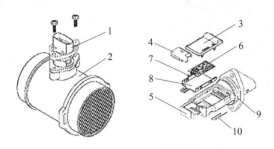

图 3-33　BOSCH 空气流量计结构

1—插入式传感器；2—圆柱形壳体；3—外盖；4—外盖测量通道；5—插入式传感器壳体；
6—混合电路；7—传感器；8—底板；9—O 形圈；10—温度传感器

该空气流量计是热膜式空气质量流量计，属于一种热式流量计。根据托马斯（Thomas）提出的"气体的放热量或吸热量与该气体的质量流量成正比"的理论，利用外热源对传感器探头加热，气体流动时会带走一部分热量，会使探头温度改变，通过测量因气体流动而造成的温度变化得出气体的质量流量。

BOSCH 的空气流量计中，传感器元件及其温度传感器和加热区域位于待测的气流中，测量管内的部分气流通过插入式传感器壳体上的一个测量通道流经传感器元件，通过校准调整管内的气流总质量。

在硅基材料制成的传感器元件上，通过腐蚀形成一层薄膜片，薄膜片上有一个加热电阻和各种温度传感器。膜片中间是加热区域，可以借助加热电阻和一种温度传感器调整到一个过热温度，温度值取决于进气温度。当无气流通过时，直至膜片边缘的温度近似线性下降。

在加热区域上游和下游有两个以加热区域为中心、对称分布的温度传感器，在没有气流通过时，两个传感器显示的温度相同。当有气流通过时，通过边界层的热传递使位于加热区域上游的膜片部分温度下降，而下游的温度传感器温度由于加热区域内的热空气几乎不变。

因此，当有气流通过时，加热区域上游和下游的温度传感器会出现一定的温度差，温度差的数值和方向与通过的气流有关。两个传感器的差值信号通过适当的方式增强，进而可以获取一条与气流特性相关的曲线，从而计算出通过的空气流量。

3.6.3　空压机

空压机在燃料电池系统中的作用是为燃料电池电堆输送特定压力及流量的洁净空气，为电堆内部的电化学反应提供氧气，是燃料电池系统中的核心部件之一，并将其称为燃料电池的"肺"。离心式空压机如图 3-34 所示。

提高燃料电池堆的入口压力（即空压机的出口压力）能够提高氧气分压，当燃料电池工作在高负荷区间时，也能提高单体电池电压。如图 3-35 所示为空压机的压比（即空压机出口和入口的压力比值）和燃料电池系统效率的变化关系。

图 3-34　离心式空压机

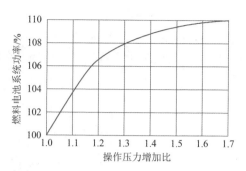

图 3-35　空压机的压比和燃料电池系统
效率的变化关系

从图 3-35 中可见，压比提高有利于燃料电池系统效率的提升。因此，工作压力的提高能降低燃料电池电堆中单体电池的数量（在功率输出相同的条件下），可进一步降低燃料电池系统的体积和成本。

提高空压机出口压力不仅有利于提高输出性能，降低系统成本和体积，而且也会提高电堆的相对湿度，减少加湿量。如图 3-36 所示为空气的温度、压力和电堆相对湿度的关系图，横坐标为压比，纵坐标为工作温度，左上方为干燥状态，右下方为湿润状态。

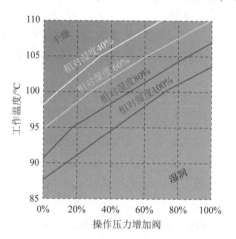

图 3-36　压力、温度和电堆相对湿度关系

由图 3-36 可见，随着压力的增加，电堆向右下方的湿润区域移动，降低了加湿量，从而可以减少加湿器的体积。即便电堆工作在较高温度的区间内，提高操作压力也会使电堆的湿度维持在较为适宜的水平。由此可以推断，当垂直爬坡、迎风或散热器散热能力差时（三者都导致电堆温度升高），电堆的性能也会得到保障。

由于燃料电池的特殊性，因此，要求与其配套的空压机具有效率高、体积小、无油、工作流量及压力范围大、噪声小、耐振动冲击、动态响应快等特点。目前，常见的空压机类型包括螺杆式、罗茨式、离心式等。

本田、通用、现代及上汽在燃料电池系统中使用的空压机类型都是离心式空压机，因此，接下来主要以离心式空压机为研究对象来分析其特点及喘振机理。离心式空压机结构如图 3-37 所示。

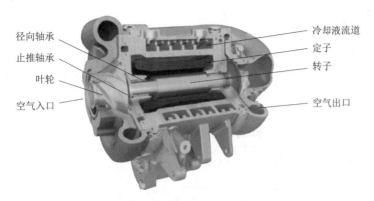

径向轴承
止推轴承
叶轮
空气入口

冷却液流道
定子
转子
空气出口

图 3-37 离心式空压机结构

高速离心式空压机的主要特征如下。

叶轮在蜗壳中高速旋转，并通过扩压器提升气体压力后输出。常见的包括单级压缩和双级压缩；高速的电机转子直接驱动叶轮旋转压缩气体；高速电机转子由空气轴承进行支撑；冷却液流经电机定子外侧的冷却液流道对空压机的本体进行冷却。为了实现宽范围工作，在目前的燃料电池系统中，常采用两级增压的空压机，其内部空气流动如图 3-38 所示。

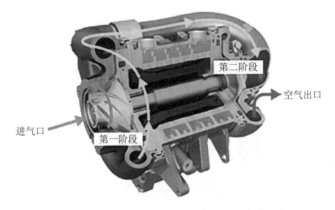

进气口
第一阶段
第二阶段
空气出口

图 3-38 两级增压的空压机内部空气流动示意

燃料电池堆对空压机输出的空气有较高的清洁度要求，如果使用常规的滚动轴承或滑动轴承，那么来自轴承中的润滑油会污染电堆，引起电堆"中毒"。为解决"中毒"问题，则需要采用不使用润滑油的轴承，由于空气轴承使用空气润滑，满足此类要求，因此，空气轴承在燃料电池方面得以广泛应用。

当转子高速旋转时，在转子和空气轴承表面之间会形成一层气膜，如图 3-39 所示，气膜的压力会随着转速的升高而增加，当气膜压力足够大时便可将转子抬离轴承表面，此时转子便会浮起来，所以空气轴承

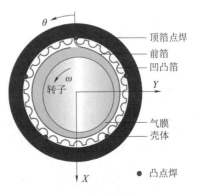

θ
转子
ω
Y
X

顶箔点焊
前箔
凹凸箔
气膜
壳体

● 凸点焊

图 3-39 空气轴承结构（一）

又称"气浮轴承"。

当转子低速旋转时,此时转子速度还没达到"气浮"的临界速度,此时转子和轴承表面之间存在接触摩擦,如图 3-40 所示,因此,必须在轴承内表面镀上一层固体润滑材料,以降低转子起停时转子和轴承表面的磨损。转子起停时的磨损会对空压机的耐久性产生重要影响。

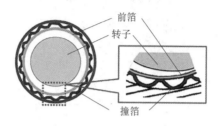

图 3-40　空气轴承结构（二）

当转子旋转时,空气的黏滞作用强制挤压空气进入一个楔形的空间,产生压力（动压）,将转子抬离轴承,如图 3-41 所示。紧接着,产生的压力通过顶箔（Top Foil）传递到凸箔（Bump Foil）,如图 3-42 所示。压力的浮动变化可以被顶箔的变形吸收,最后被摩擦力消除。以上过程可以得到一个合适的超薄的空气层,即使在转子转速变化引起压力浮动的情况下,也可以使转子抬离。

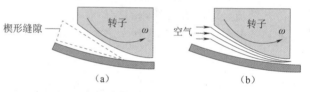

图 3-41　空气轴承抬离（lift-off）原理
(a) 空气轴承（一）；(b) 空气轴承（二）

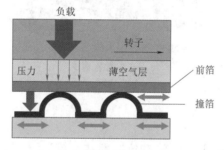

图 3-42　空气轴承作用过程

空压机在高速旋转时,转子的永磁材料不能承受巨大的离心力,因此,必须对永磁体加装安装装置,常用的有碳纤维捆扎和安装合金护套,同时,将电机转子多设计为细长型,减小将其甩出去的离心力。由于高速空压机的转速高,定子绕组电流频率高,电机的各项损耗与常速电机相比有较大的增加,使电机的散热非常困难。如果散热不好,会缩短电机绕组的寿命,使永磁体发生不可逆退磁,并且也会对空气轴承的长期稳定运转产生影响。

因此,良好的冷却系统,是空压机长期稳定运行的关键。在燃料电池使用离心式空压机过程中,一般有水冷却和空气冷却两路冷却。水冷却路主要对电机的定子及控制器进行冷却,空气冷却路主要对空气轴承及转子进行冷却,如图 3-43 所示。

离心式空压机工作中会出现喘振现象，即当空压机工作在低流量、高压比的情况下容易发生气流振荡。当空压机发生喘振时，会导致空气流量不可控、噪声大、振动大和温度升高等一系列连锁反应，严重时甚至可能会损坏空压机。当离心式空压机进口流量减少到一定程度时，便会发生喘振，而维持空压机运行的喘振流量要不低于空压机运行的最小流量，即离心式空压机在不同转速下运行时会得到不同的喘振时的性能参数，将这些喘振点的参数标在性能曲线上，并连接起来即可得到离心式空压机的喘振线，如图 3-44 所示。

图 3-43　冷却系统结构

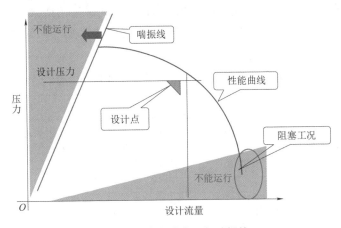

图 3-44　离心式空压机喘振线

因此，当燃料电池系统中采用离心式空压机时，为了防范空压机出现喘振，在燃料电池系统中，空气路一般都设有旁通阀。当进入燃料电池堆的空气进入空压机的喘振区域时，通过旁通阀可以将空压机流量增大，使空压机从喘振工作区域中解脱出来，但在此过程中，进入燃料电池堆的空气流量及压力并没有变化。

旁通阀除了可以避免空压机发生喘振，还有一个重要的作用是能够将燃料电池堆阳极出口排出的氢气稀释，以保障排氢安全。

3.7　水热管理系统

氢燃料电池系统和传统内燃机系统有着一定的相似性，为保证氢燃料汽车正常行驶，需要水热管理系统对燃料电池进行温度管控。

整车的燃料电池在工作过程中有 45% 左右的能量耗散为热能，如果散热不好会导致电池温度过高，引起电解质膜脱水、收缩甚至破裂，从而影响燃料电池的综合性能。另一方面，当电池内部温度过低时，反应生成的水无法以气态形式排出，容易出现"电极淹没"现象，并且在相对低温环境下电化学反应速度降低，直接导致电堆性能下降。因此，电堆内部的温度需要在电堆工作环境下，将其精确控制在 70～90 ℃。相关研究数据显示，传统的发动机散热，15% 是通过发动机机体散出，40% 是通过排气管以尾气的形式排放，只有 8% 的热量是通过散热器散出。与传统的燃油发动机不同，燃料电池发动机在散热方面主要依靠散热器。理论上，燃料电池动力系统的热效率和散热器的热量在41%左右，有18%的热量需要通过散热器来散出。但在恶劣的工况下，燃料电池动力系统的热效率约为35%，此时仅有3%的热量是通过尾气排出，其余62%的热量需要通过散热器来散发。由于燃料电池的工作温度相对较低，散热器中冷却液与环境的温差比传统汽车小。

目前，燃料电池的散热有自然冷却、风冷、水冷等多种方案，随着电池功率密度的提升，氢燃料电池汽车的电堆发热量至少是目前的2倍，热管理越来越成为一个很有挑战性的难点。从技术角度分析，水冷堆的热管理要比风冷堆的复杂。目前小型的水氢发电机使用的是风冷燃料电池电堆，而7.5 kW的水氢机模块里面配套的是水冷堆。

氢燃料电池的水热管理系统将电堆反应生成的热量排出系统外，使电堆维持在适合的温度区间工作。燃料电池水热管理系统主要包括燃料电池水热管理（燃料电池本体）和动力系统平台热管理两部分。从燃料电池系统水热管理的元器件组成来看，主要由水泵、节温器、去离子器、中冷器、水暖PTC、冷却模块（散热器）及冷却管路等不同部分组成。具体如表3-1所示。

表3-1　燃料电池系统水热管理元器件组成

元器件名称	作用
水泵	冷却水泵相当于氢燃料电池水热管理系统的心脏，它能通过加大冷却液的流速来给电堆降温。为了保证电堆产生的热量能够快速、有效地散发出去，需要水泵在大流量、高扬程、绝缘及更高的电磁兼容性方面具备过硬的素质
中冷器	中冷器的作用是冷却来自空压机的压缩空气，它通过冷却液和空气的热交换来降低压缩空气的温度，使进入电堆的空气温度在合理的范围内，主要结构由芯体、主板、水室和气室组成。中冷器的特点是交换量大，清洁度要求高、离子释放率低
去离子器	氢燃料电池运行过程中，冷却液的离子含量会增高，使其电导率增大、系统绝缘性降低，去离子器通过吸收热管理系统中的零部件释放的阴阳离子，降低冷却液的电导率，从而使系统维持在较高的绝缘水平
水暖PTC	在环境温度较低的情况下，燃料电池面临低温挑战。水暖PTC是电堆在低温冷启动时为冷却液加热的，使冷却液尽快达到需求的温度，缩短燃料电池冷启动时间。水暖PTC由加热芯体、控制板及壳体组成，其要求是响应快、功率稳定
节温器	节温器的作用是控制冷却系统的大小循环。其工作原理是通过控制冷却液的流向和打开的大小程度来保证温度在适宜的范围（相当于人身上穿衣服，天冷就多穿些，天热则少穿些）。节温器是由电机执行机构、阀体、进出口及壳体组成。燃料电池系统对节温器的要求是响应速度快、内部泄漏量低、带位置反馈信息（电机节温器）
冷却模块（散热器）	散热器的作用是将冷却液的热量传递给环境，降低冷却液的温度。散热器本体需求的散热量较大、清洁度要求高、离子释放率低，散热器的风扇要求风量大、噪声低、无级调速，并需要反馈相应的运行状态
冷却管路	冷却管路作为氢燃料电池的血管，连接各零部件，使冷却液形成完整的循环。与所有零部件的要求一样，冷却管路要求具有绝缘性和较高的清洁度

3.8 水/增湿管理系统

燃料电池的膜必须具有较高的质子传导性，而聚合物膜的质子传导性主要取决于膜的结构和水合状态。若运行时湿度过低会造成内阻上升，整体性能下降；若湿度过高则会导致电机"水淹"。故维持电堆运行时合适的内部湿度是非常重要的。膜的水合状态由生成水和膜中水传递的机理决定，水传递原理主要有 3 种。

（1）电渗迁移，电池反应中质子传递方向是从阳极到阴极，质子在传导过程中会拖拽一部分水分子到阴极侧。

（2）浓差扩散迁移，反应时阴极生成水，因此，阴极侧的水浓度大于阳极侧，在浓度梯度的驱动下，水由阴极向阳极迁移。

（3）压力迁移，反应气体的压力会有差异，在压力梯度的驱动下，水会由高压侧向低压侧迁移。

原则上，氢气和空气都要加湿，但从整体看，电池水平衡主要取决于气体流量、电池工作温度、电池工作压力、环境温度、环境压力和环境湿度。因为电池尾气基本是饱和湿气，电池工作温度高时，更高的饱和蒸汽压决定了排出的尾气可以带走更多的水分，加大压力可以降低饱和蒸汽压，同时降低电池体系的失水速率。根据反应计量比，空气化学计量比一般大于等于 2，因此，其带走的水量远远大于氢气，故只需要经常对空气加湿。

对于长期运行的大功率燃料电池系统，采用外部加湿需要消耗大量的水和将水加热汽化的能力，因此，采用外界补水的方式显然不现实。所以，通过适当的设计，利用电池生成的水满足电池本身的增湿需要。采用增湿器或其他运输方式及装置将阴极和阳极尾排中的水运输到需要增湿的地方，即入口处。加湿器分为外部增湿和内部增湿，外部增湿常用的有膜加湿器、焓轮加湿器、平板加湿器和喷水加湿器，内部增湿主要有多孔板渗透增湿和内循环增湿等。

3.8.1 内部增湿

氢气是燃料电池的能量来源，其利用率是运行过程中重要的指标，通过简单封闭燃料阳极流道的末端即可达到提高利用率的目的，这种燃料电池称为闭口燃料电池。然而，如果在实际运行燃料电池时将阳极流道的末端封闭，会产生许多问题：燃料中的杂质和阴极渗透过来的气体会在阳极积累；阳极的水无法排出造成电极表面"水淹"；电池流道末端的氢气流动速度过慢导致电极性能不均。因此，实际使用中，必须让氢气流动起来，并排放掉未反应的燃料气体，以带走气体中的杂质和多余的水分。通常的做法是使用节流阀排放氢气，或以一定的周期排放氢气；使用氢循环泵将阳极尾排中的氢气输运回入口，达到加强氢气流动的目的；使用引射器，利用阳极入口的氢气的气动力学效应造成负压，将尾排氢气吸回入口。电堆出口排出的氢气含有反应生成的水，这部分氢气被氢循环泵带回电堆入口后，还可以起到内部增湿的作用，这样的加湿方法称为内循环增湿。

采用内循环增湿的电堆氢和空气逆流，借助氢循环泵将氢侧上游的水汽运输到下游，透过质子交换膜渗透到空气上游，实现对入口附近的干空气的增湿。这种增湿方法对电堆和系统的设计有一些额外要求，如更薄的膜、更大能力的氢循环泵和冷却水泵，这样的增

湿方法还能节省外置增湿器的成本和占用的体积，当然，采用过薄的膜也会使电堆在寿命上有所损失。

由于氢循环泵的工况比较特殊，相对来讲，容积式压缩机比较合适（较小流量和较高压比，密封性能好、耐腐蚀）。

3.8.2 外部增湿

在电堆外围布置一个增湿设备，用于给气体增湿，在气体进入电堆之前，增大其湿度，使其为电堆带入更多水分。进入电堆的氢气和空气都需要加湿。

目前的质子交换膜燃料电池系统，基本采用氢气循环利用的方案，回收的湿氢气与气罐的干氢气混合，一定程度上起到增湿的效果，所以，通常不需要专门为氢气设置一个加湿装置。

而空气由于流量大，且不回收，如果不增湿，干燥的空气容易带走大量的水分。所以，需要在空气进入电堆前添加一个增湿装置，以提高空气进入电堆的湿度。

用于空气加湿的外增湿器有焓轮加湿器、鼓泡加湿器（见图3-45）、喷雾加湿器（见图3-46）和膜加湿器等，其中膜加湿器在车载系统中应用较为广泛。

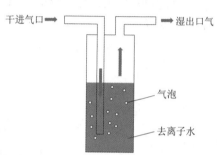

图 3-45　鼓泡加湿器

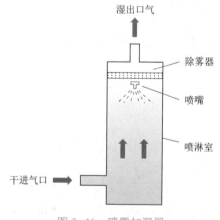

图 3-46　喷雾加湿器

膜加湿器（见图3-47）的核心是 PFSA 膜，在加湿时，在膜的湿侧通入湿度高的气体或液体，干侧通入待加湿的干燥气体。因为水可以在 PFSA 膜中扩散，所以水会从浓度高的湿侧向浓度低的干侧扩散，实现对干气体的加湿。

在车载系统中，空气反应后从电堆内部出来，携带了大量的水分，其湿度高，可以作为加湿器的加湿来源。

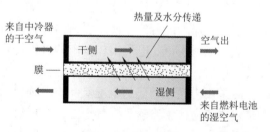

图 3-47　膜加湿器

膜加湿器是一个被动件，不需要消耗额外的功率，质量小，但是体积庞大，而且无法主动实现湿度的调节。

加湿的影响因素：加湿效率来自水的跨膜传输，单位时间内水从湿侧向干侧传递的量越大，加湿效果越显著。加湿效率和流量、温度、压力、湿度都有关系。

（1）流量：膜加湿器中干、湿气流其实都是同一股气流，在温湿度不变的前提下，流量增大，水分跨膜传递的时间减少，加湿效果降低。

（2）温度：干侧空气温度降低，该处水蒸气饱和蒸汽压也降低，含湿量降低，干湿两侧水蒸气浓度差增大，有助于水分从湿侧向干侧扩散。同样地，湿侧空气温度增大，也可以提高增湿效果。

（3）压力：在压力差的作用下，水分会从高压侧向低压侧传输，所以，湿侧压力对干侧压力增大，可以促进水分向干侧传输。

（4）湿度：无论提高干侧还是湿侧空气的湿度，都能提高干空气出口的湿度。

3.9 燃料电池电控系统

3.9.1 燃料电池控制器

燃料电池电控系统是通过不断监测和控制燃料电池系统的各种参数，以实现安全、高效和稳定的运行。传感器不断采集燃料电池系统的参数数据，并将其发送给控制器。控制器根据预设的算法和逻辑，对接收到的数据进行处理和分析，判断燃料电池系统的工作状态，并根据需要发送控制信号给执行器。执行器根据控制信号的指令，调节和控制燃料电池系统的各个部分，以满足系统的需求。燃料电池电控系统一般组成如图 3-48 所示。

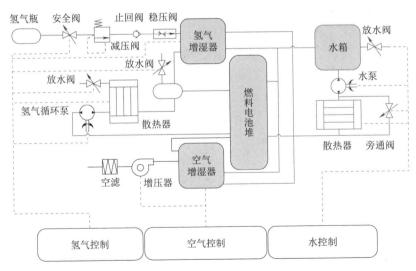

图 3-48　燃料电池电控系统一般组成

燃料电池控制器是燃料电池汽车电控系统的核心部件，能够实现对燃料电池系统的实时监测和控制。通过传感器监测参数、数据采集和处理、控制算法和控制输出等环节，确保燃料电池系统的安全、高效和稳定运行。例如，功率的需求、系统状态、整车信号的输入、故障的诊断、燃料电池温度和电流等。通过这些信号进行控制决策和计算，将控制指令输出到各部件控制单元。

燃料电池控制器基本功能如下。

（1）监测和传感：通过连接在燃料电池系统中的传感器，监测和传感各种参数，如温度、湿度、氢气和氧气浓度、电流和电压等。

（2）数据处理和分析：对数据进行整理、校正和筛选，确保数据的准确性和可靠性。通过数据处理，控制器能够获取燃料电池系统的工作状态和性能信息。

（3）控制算法执行：基于预设的控制算法和逻辑，燃料电池控制器执行计算和判断，以确定燃料电池系统的工作状态和性能。控制算法可以根据不同的要求和策略，调节燃料电池系统的运行参数，如氢气和氧气供应的流量、电池堆的电压和电流等。

（4）控制输出：根据控制算法的结果，燃料电池控制器通过输出信号来控制燃料电池系统的各个部分。这些输出信号可以控制执行器，如氢气和氧气供应阀门、冷却系统的风扇或泵等。

（5）数据记录和通信：燃料电池控制器可以记录和存储关键数据，以供后续分析和故障排查。同时，它还可以通过通信接口与其他系统或设备进行数据交互，如车辆的控制系统、能源管理系统或外部监控系统等。

3.9.2 燃料电池电控系统各模块定义

1. 系统上下电控制模块

（1）上电准备：检查电源电压是否正常、检测主控芯片的工作状态、初始化各个功能模块等。

（2）电源连接：上电准备完成，将电源连接到电池堆和其他关键组件，如氢气和氧气供应模块、冷却系统等。通过电源连接，燃料电池控制器可以为系统提供所需的电能。

（3）系统启动：电源连接完成，燃料电池控制器开始启动燃料电池系统。这包括打开电源开关、初始化各个功能模块、进行自检和校准等。

（4）下电操作：关闭电源开关、停止控制信号输出、断开电源连接等。下电操作的目的是确保系统安全地断电，并防止任何不必要的损坏或危险。

2. 工作模式控制策略模块

（1）电流斜坡模式，用于控制燃料电池系统在启动或关闭过程中电流的变化速率。

①启动过程中的电流斜坡模式：在燃料电池系统启动时，为了避免突然大电流的冲击，可以采用电流斜坡模式进行控制。该模式会逐渐增加电流的大小，使系统能够平稳启动。

②关闭过程中的电流斜坡模式：在燃料电池系统关闭时，同样可以采用电流斜坡模式来控制电流的变化速率。该模式会逐渐减小电流的大小，使系统能够平稳关闭。

通过燃料电池工作电流斜坡模式的控制，可以实现燃料电池系统在启动和关闭过程中电流的平稳变化，减少系统的压力和应力，提高系统的稳定性和可靠性。

（2）电流请求模式，一种控制策略，用于根据系统需求主动请求所需的电流输出。

①系统需求分析：燃料电池系统会根据当前的工作状态和需求，分析所需的电流输出。这可能基于外部要求，如负载需求、电池堆温度等，或者基于内部要求，如系统的稳

定性和效率等。

②电流请求信号生成：根据系统需求分析的结果，燃料电池控制器会生成相应的电流请求信号。这个信号会指示所需的电流大小和变化速率。电流请求信号可以通过控制器的输出端口发送给其他组件或执行器。

③电流控制输出：其他组件或执行器接收到电流请求信号后，会根据信号的要求进行相应的控制输出。例如，氢气和氧气供应模块可以根据请求信号调节供气流量，以满足所需的电流输出。

④反馈控制：燃料电池控制器会接收来自执行器或其他组件的反馈信号，以实时检测电流输出的实际情况。控制器可以根据反馈信息进行调整，以确保实际输出与请求的电流尽可能接近。

⑤系统监控与调整：燃料电池控制器会持续监控系统的工作状态和电流输出情况。如果发现有偏差或异常，控制器可以进行相应的调整和控制，以保持电流输出在所需范围内，并保证系统的稳定性和安全性。

通过燃料电池工作电流请求模式的控制，系统可以根据实际需求主动请求所需的电流输出。这种控制策略可以使燃料电池系统能够灵活地适应不同的工作条件和需求，提高系统的效率和性能。

3. 单节电池巡检处理

在进行燃料电池单节电池的巡检处理时，以下是一些常见的需要检测的参数：

（1）电压：检测单节燃料电池的电压是重要的参数。可以使用电压传感器或示波器来测量电压，确保其在正常范围内。

（2）电流：测量单节燃料电池的电流是另一个重要的参数。可以使用电流传感器来测量电流值，以确保其在预定范围内。

（3）温度：燃料电池的温度对其性能和寿命有很大影响。通过温度传感器测量单节燃料电池的温度，确保其在适宜的工作温度范围内。

（4）湿度：燃料电池的湿度也是需要检测的参数。湿度过高或过低都可能对燃料电池的性能产生负面影响。使用湿度传感器来测量单节燃料电池的湿度，并确保其在合适的范围内。

（5）压力：燃料电池系统中的氢气和氧气供应需要保持恰当的压力。通过压力传感器来测量单节燃料电池的氢气和氧气压力，并确保其在规定的范围内。

（6）氢气纯度：燃料电池系统需要高纯度的氢气供应。使用氢气纯度传感器来检测单节燃料电池中氢气的纯度，并确保其在要求的纯度范围内。

（7）氧气纯度：燃料电池系统中的氧气供应也需要保持适当的纯度。使用氧气纯度传感器来检测单节燃料电池中氧气的纯度，并确保其在要求的纯度范围内。

4. 扭矩控制

（1）动力需求分析：通过分析所需的扭矩大小、变化速率和持续时间等，确定燃料电池系统需要提供的扭矩输出范围。

（2）扭矩控制策略选择：根据动力需求分析的结果，选择合适的扭矩控制策略。常见的策略包括速度控制、功率控制和电流控制等。

（3）燃料电池系统控制：根据扭矩控制策略，通过控制燃料电池系统的运行参数来实

现所需的扭矩输出。这包括调节氢气和氧气的供应流量、控制燃料电池堆的工作温度和湿度等。

（4）反馈控制：为了实现精确的扭矩控制，通常需要使用反馈控制机制。通过传感器获取实时的扭矩和其他相关参数，然后将这些反馈信息与目标扭矩进行比较。根据比较结果，调整燃料电池系统的控制参数，以实现所需的扭矩输出。

5. 阳极氢气循环回路控制

（1）氢气供应控制：燃料电池系统需要稳定和适量的氢气供应。通过控制氢气供应系统中的阀门或调节器，可以调整氢气的流量和压力，以满足燃料电池的需求。

（2）氢气循环控制：通过控制氢气循环系统中的循环风扇或泵等设备，可以调整氢气的循环速度和流量，以实现所需的氢气循环效果。

（3）氢气回路压力控制：燃料电池系统中的氢气回路需要保持适当的压力。通过控制压力调节器或阀门，可以调整氢气回路的压力，并确保其在规定的范围内。

（4）氢气质量控制：在燃料电池系统中，氢气的纯度对其性能和寿命至关重要。通过使用氢气纯度传感器，可以监测氢气的质量，并根据需要采取相应的控制措施，如排除杂质或调整氢气处理系统。

6. 阴极空气供给系统控制

（1）空气供应控制：通过控制空气供应系统中的空压机，调整空气的流量和压力，以满足燃料电池的需求。

（2）空气循环控制：在燃料电池系统中，空气循环可以帮助保持燃料电池堆的温度均匀，并促进氧气的均匀分布。

（3）空气湿度控制：燃料电池系统中的空气湿度对其性能和寿命至关重要。通过控制湿度调节器或加湿器，可以调整空气中的湿度，并确保其在规定的范围内。

3.10 燃料电池效率

3.10.1 效率的定义

在燃料电池车的评价中通常用三个效率来进行评价，即燃料电池电堆效率，燃料电池系统效率，车辆效率。

（1）燃料电池电堆效率：如图 3-49 所示，电堆效率只考虑电堆本身。从计算区间的开始到结束产生的功率和（即电堆总输出能量）/期间消耗的氢气的总流量反应生成水后释放的能量（按低热值计算）。

（2）燃料电池系统效率：如图 3-49 所示，系统效率考虑电堆及其相关辅件带来的功率消耗。电堆功率减去辅件功率在测量区间内的功率和（系统总输出能量）/期间消耗的氢气的总流量反应生成水后释放的能量（按低热值计算）。

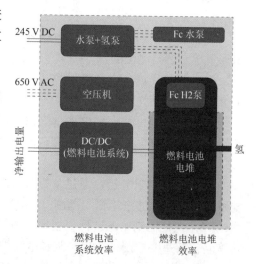

图 3-49 燃料电池效率图

（3）车辆效率是一个燃油车经常使用的概念，计算公式为：根据 SAEJ 2951 定义的正工况能量/期间消耗的氢气的总流量反应生成水后释放的能量（按低热值计算）。

燃料电池车典型工况综合效率一直在提升过程中，根据美国 EPA（U.S. Environmental Protection Agency）的统计数据，燃料电池车的车辆工况效率有了较大的提升。以本田为例，从早期的 honda FCX clarity 到后面的 honda clarity fuel cell，FTP 效率从54%提高到67%，HWFET 效率从51%提高到57%。

3.10.2 电池组的功率密度

电池组的功率密度，即单位体积内电池组可以输出的功率值。

电堆系统开发（无论是燃料电池电堆还是燃料电池系统）应该对电池组的功率密度进行关注和识别，并能够优化设计。车用燃料电池发动机评价体系如表3-2所示。

表3-2　车用燃料电池发动机评价体系

序号	指标类型	评价指标	判断依据	指标水平分级			测试方法
				先进水平	平均水平	基准水平	
1	基础指标	气密性	GB/T 24554—2009	符合标准要求			GB/T 24554—2009
2		绝缘强度		符合标准要求			
3		紧急停机功能		符合标准要求			
4		防水、防尘等级	GB/T 4208—2017	≥IP67			GB/T 4208—2017
5	核心指标	额定功率	GB/T 24548—2009	$P_E \geq 100$ kW	$80 \leq P_E < 100$	$50 \leq P_E < 80$	GB/T 24548—2009
6		质量比功率	GB/T 24548—2009	$MP_F \geq 0.60$ kW/kg（金属板）	0.50 kW/kg$\leq MP_F <$ 0.60 kW/kg（金属板）	0.40 kW/kg$\leq MP_F <$ 0.50 kW/kg（金属板）	GB/T 24548—2009
				$MP_F \geq 0.55$ kW/kg（石墨板）	0.45 kW/kg$\leq MP_F <$ 0.55 kW/kg（石墨板）	0.35 kW/kg$\leq MP_F <$ 0.55 kW/kg（石墨板）	

影响电池组的功率密度有很多设计因素，其中最核心的因素之一便是燃料电池本身的效能（单电池的效能和电池组的效能），一般用电压—电流曲线分布图进行分析，如图3-50所示为三个内阻不同的燃料电池的电压—电流曲线分布（另外一个曲线是功率的曲线）。

从图中可以看出，由于电池的内阻不同，其电池的效能完全不同。内阻的大小影响因素与电池设计有关，影响因素比较多，包含集流板、双极板、扩散层、质子交换膜（膜+触媒+碳）等。

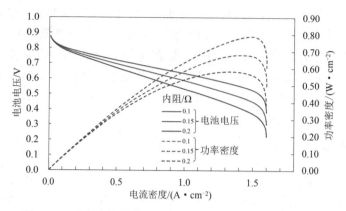

图 3-50 燃料电池的电压—电流曲线分布（一）（附彩插）

分析图 3-50 可以得到以下结果。

（1）基本上电压与电流的关系呈现为随着电流密度的上升，输出电压变为下降；

（2）在固定输出电压的工况下，随着内阻的增加，其电流密度在下降，其效能功率密度也在下降。

例题：需要实现电池输出功率为 1 kW；电压 48 V。基于这个系统输出参数的要求，电池应设计多大、应该如何匹配计算？除了辅助系统的尺寸大小，只考虑单个电池模组（端板、集流板、气体扩散层等）等。

详细计算如下。

假如在图 3-50 中选择一点（选择内阻 0.15 Ω 的电池）作为操作点，如图 3-51 所示。

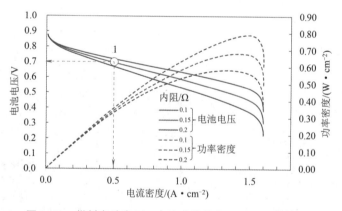

图 3-51 燃料电池电压—电流曲线分布（二）（附彩插）

（1）输出电压为 0.7 V；

（2）电流密度为 0.5 A/cm²；

（3）假设最小的电池单元的厚度为 4 mm ，如图 3-52 所示（不考虑两侧的压紧端板）。

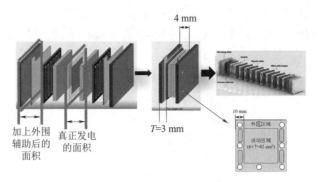

图 3-52 燃料电池表面积

最后，要计算得到能够发出 1 kW，电压为 48 V 的电池组的大小，如图 3-53 所示，即长（L）、宽（a_2）、高（a_1）的大小。

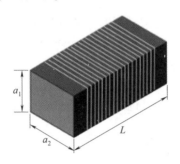

图 3-53 燃料电池组大小

第一步：计算要满足电压输出的要求（秉持着串联增压和并联增流的设计准则）。

电池的个数 N = 48 V/0.7 V = 69 个。

长度 L = 0.4 cm×69 = 27.6 cm（这里的计算未考虑排除掉实际中电池串联只需要两个集流板，单一地将每一个单体电池直接串联相加）。

第二步：计算电池的输出电流（原理：功率=电压×电流）。

电池组的输出电流 I = 1 000 W/48 V = 21 A。

第三步：计算电池的面积。可以看出，要在电压为 48 V 的工况下，输出 1 000 W 的功率，需要电流 21 A，而在电压—电流曲线中选择的是 0.5 A/cm^2 的电流密度，所以电池的面积为 A = 21 A/（0.5 A/cm^2）= 42 cm^2。

要想达到 42 cm^2 的面积，a_1 和 a_2 的组成可以有很多种，电池可以做成扁平的，也可以是较方正的（因为 6×7 = 42；2×21 = 42 等）。

第四步：计算电池组的体积功率密度（不带辅助系统）。单一的电池组（不带辅助系统）的体积功率密度 P = 输出功率/（a_1×a_2×L）= 1 kW/（42×27.6 cm^3）= 0.86 kW/L。

第五步：计算加上外围辅助系统后的面积。加上其他边框的面积后再计算（如图 3-54 所示，加上外围辅助后的面积）。

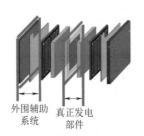

图 3-54 燃料电池边框

如图 3-55 所示为加上外围辅助系统后的面积，考虑进气歧道、锁螺栓及冷却通道，在 42 cm² 周边增加 10 mm 的外围区域，板的厚度为 3 mm，因此最后面积 $A = 8 \times 9 = 72$ cm²。

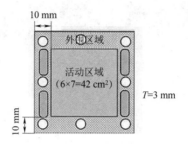

图 3-55　燃料电池边框面积

第六步：计算加上外围辅助系统后的体积功率密度。

$P =$ 输出功率 $/ (a_1 \times a_2 \times L) = 1$ kW $/ [72 \times (27.6+6)$ cm³$] = 0.41$ kW/L。

可以看出加上辅助的部件后，功率密度下降得非常大，因此，进气歧道、锁螺栓、冷却通道占的空间及板的厚度等，对于体积功率密度来说是非常重要的设计因素。

同理，可以优化后单独从电池的效能方面来进行计算，在电压—电流曲线上选择第 2 个点，如图 3-56 所示，降低电池的内阻（降低内阻的方法很多，可以对电池进行优化，最直接的方法是将电池的厚度做薄，内阻将会降低，对于电池的效能将会有很大的提升）。

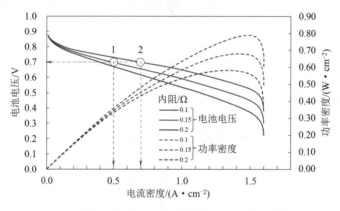

图 3-56　燃料电池电压—电流曲线分布（三）（附彩插）

相比下来，只计算了燃料电池和电池组的体积功率密度，如果加上其辅路系统，其功率密度将会再次不一样，其质量比功率也会发生不一样的变化。提升单模块电池的设计，优化系统的集成设计，都是至关重要的。

思考与练习

（1）阐述燃料电池堆结构及工作原理。

（2）氢气供应系统由哪几个关键部件组成？其工作原理是什么？

（3）描述水热管理系统结构及工作原理。

实训工单

实训参考题目	汽车氢燃料电池系统的组成及工作原理		
实训实际题目	由指导教师根据实际条件和分组情况，给出具体实训题目，包括实训车型、具体实训项目、实训内容等。		
组长		组员	
实训地点		学时	日期
实训目标	（1）根据实际车型分析燃料电池堆工作过程。 （2）根据实际车型认识氢气供应系统结构及工作原理。 （3）根据实际车型认识空气供应系统结构及工作原理。 （4）根据实际车型认识水热管理系统结构及工作原理。 （5）根据实际车型分析自动控制系统结构及工作原理		

一、接受实训任务

　　一台实训车辆到达工作现场，识别车载氢燃料电池系统的各组成部分。根据认识到的氢燃料电池系统的组成，认识、分析各个子系统的结构组成及工作原理。结合现有车辆的氢燃料电池系统的组成及结构，分析汽车氢燃料电池自动控制系统的工作过程。

二、实训任务准备（以下内容由实训学生填写）

　　（1）实训车辆登记。
车型：_____；车辆的识别代码：_____
　　（2）实训车辆里程数：_____。
　　（3）实训车辆检查。
有无刮痕痕迹：□无　□有；仪表能否正常显示：□能　□否
能否正常行驶：□能　□否；有无其他缺陷：□无　□有
　　（4）故障灯检查。
有无故障灯：□无　□有
　　（5）实训车辆检测与维护资料是否完整：□完整　□不完整（原因：_____）
　　（6）对氢燃料电池汽车的基础知识是否熟悉：□熟悉　□不熟悉
　　（7）本次实训需要的安全防护用品准备情况：□齐全　□不齐全（原因：_____）
　　（8）本次实训需要的专用仪器设备准备情况：□齐全　□不齐全（原因：_____）
　　（9）本次实训所需时长约：_____。
　　（10）实训完是否需要检验：□需要　　□不需要
　　（11）其他准备：_____

三、制订实训计划（以下内容由实训学生填写，指导教师审核）

　　（1）根据本次认识汽车氢燃料电池系统任务，完成物料的准备

完成本次实训需要的所有物料			
序号	物料种类	物料名称范例	实际物料名称
1	实训车辆	实训用氢燃料汽车一辆	
2	安全防护用品	护目镜	
		手套	
		安全帽	
		二氧化碳/干粉灭火器	
3	资料	车辆维护手册	

（2）根据操作规范及要求，制定相关操作流程

各子系统的检查操作流程		
序号	作业项目	操作要点

（3）根据实训计划，完成小组成员任务分工

操作员（1人）		安全员（1人）	
协作员（若干人）		记录员（1人）	

操作员负责具体实训内容的操作；安全员负责具体实训操作过程中的安全注意事项的总结；协作员负责协助操作员完成具体实训内容的操作；记录员做好检测与维护具体实训内容的记录

（4）指导教师对制订实训计划的审核

审核意见：

　　　　　　　　　　　　　签字：　　　　　　年　　月　　日

四、实训计划实施

（1）从进入实训场地开始，到实训结束，完整记录实训过程的详细实施步骤、实施内容和实施结果。例如，实施步骤1，实施内容是准备好实训车辆，实施结果是把实训车辆放置在正确位置；实施步骤2，实施内容是做好个人防护，实施结果是做好安全防护，正确佩戴防护用具

实施步骤	实施内容	实施结果

续表

实施步骤	实施内容	实施结果

（2）实训结论

系统名称	结构组成	备注
燃料电池堆		
氢气供应系统		
空气供应系统		
水热管理系统		
水/增湿管理系统		

五、实训小组讨论

讨论1：根据所学的知识，结合实训车辆，分析如何提高燃料电池堆的效率?

_____

_____

_____

_____

讨论2：为什么在燃料电池堆的阴极侧不直接供给氧气? 供给空气和氧气各有什么优缺点?

_____

_____

_____

_____

_____

六、实训质量检查

请实训指导教师检查本组实训结果，并针对实训过程中出现的问题提出改进措施及建议

序号	评价标准	评价结果
1	实训任务是否完成	
2	实训操作是否规范	
3	实施记录是否完整	
4	实训结论是否正确	
5	实训小组讨论是否充分	
综合评价	□优　　□良　　□中　　□及格　　□不及格	

问题与建议	问题：		
	建议：		

实训成绩单

项目	评分标准	分值	得分
接受实训任务	明确任务内容，理解任务在实际工作中的重要性	5	
实训任务准备	实训任务准备完整	5	
	掌握氢燃料电池汽车的基础知识	5	
	能够正确识别氢燃料电池的系统组成及工作原理	5	
制订实训计划	物料准备齐全	5	
	操作流程合理	5	
	人员分工明确	5	
实训计划实施	实训计划实施步骤合理，记录详细	10	
	实施过程规范，没有出现错误	10	
	能够正确对实训车辆燃料电池系统自动控制系统进行讲解	15	
	能够对实训得出正确结论	10	
实训小组讨论	实训小组讨论热烈	5	
	实训总结客观	5	
质量检测	学生实训任务完成，实训过程规范，实施记录完整，结论正确	10	
实训考核成绩		100	

七、理论考核试题	成绩：

简答题（每题 20 分，共 100 分）

1. 本次实训车辆的车载氢燃料电池堆由哪些部件组成？

_____

_____

_____

_____

_____

2. 氢气循环泵有什么作用?

_____

_____

_____

_____

_____

3. 燃料电池空气滤清器在设计时要满足哪些要求?

_____

_____

_____

_____

_____

_____

4. 在燃料电池的水热管理系统中为什么要用去离子水?

_____

_____

_____

_____

_____

_____

5. 氢燃料电池汽车为什么经常只需要对空气加湿?

_____

_____

_____

_____

_____

实训考核成绩		理论考核成绩	
综合考核成绩		指导教师签字	

项 目 四

氢燃料电池检测

项目概述

    当前国内外汽车市场中，虽然氢燃料电池种类繁多，但其工作原理都是利用氢气进行不同的化学反应，从而产生电能。最常见的氢燃料电池是质子交换膜燃料电池。本项目主要介绍氢燃料电池系统组成、燃料电池检测方法。检测技术的好坏决定了氢燃料电池汽车的续航能力及用氢安全。随着各个国家相继打开氢燃料电池汽车市场，其不同的检测理念势必会趋于统一、越来越规范和标准，并且也只有这样才能让氢燃料电池汽车在世界范围内普及。同时，无论哪个国家，在将氢燃料电池汽车推向世界市场时，安全都是首要问题，必须保证检测过程和检测标准的安全性。因此，掌握氢燃料电池的检测技术方法显得尤为重要。

任务一　氢燃料电池主要性能检测

任务目标

知识目标	能力目标
（1）掌握质子交换膜氢燃料电池的动力系统组成。 （2）熟悉质子交换膜氢燃料电池的系统特征。 （3）了解质子交换膜氢燃料电池的动态性能	（1）掌握质子交换膜氢燃料电池动力系统的参数对输出功率的影响。 （2）掌握质子交换膜氢燃料电池系统的安全特征。 （3）掌握质子交换膜氢燃料电池不同系统模型。 （4）掌握质子交换膜氢燃料电池低温启动过程

任务分析

　　通过对氢燃料电池动力系统的各个组成系统和组成部件的学习，了解氢燃料电池系统氢循环比、运行压力和温度、电流密度等对电堆输出功率的影响及系统安全等相关系统特征表现；学习氢燃料电池建模模型、控制过程、低温启动策略等系统动态性能的测试，掌握氢燃料电池检测的基础知识，理解氢燃料电池系统在整车上的管理和控制过程，分析氢燃料电池汽车的燃料电池系统的性能表现和失效原因，从而更精准地对燃料电池汽车故障进行检测。

任务工单

1. 学生分组					
班级		组号		授课教师	
组长		组员			

2. 任务

（1）请说说氢燃料电池汽车的氢气充装要求有哪些

（2）查询资料和网站，找出 3 个氢燃料电池汽车发生交通事故的警示视频，并写出氢气泄漏时的处理措施有哪些

3. 合作探究

（1）小组讨论，教师参与，确定任务（1）和（2）的最优答案，并检讨自己存在的不足

（2）每组推荐一个汇报人，进行汇报。根据汇报情况，再次检讨自己的不足

4. 评价反馈

（1）自我评价

评价指标	评价内容	分数/分	分数评定
信息收集能力	能有效利用网络、图书资源查找有用的相关信息等；能将查到的信息有效地传递到学习中	10	
感知课堂生活	能在学习中获得满足感，课堂生活的认同感	10	
参与态度，沟通能力	积极主动与教师、同学交流，相互尊重、理解、平等；与教师、同学之间是否能够保持多向、丰富、适宜的信息交流	15	
	能处理好合作学习和独立思考的关系，做到有效学习；能提出有意义的问题或能发表个人见解	15	
对本课程的认识	本课程主要培养的能力、本课程主要培养的知识、对将来工作的支撑作用	15	
辩证思维能力	能发现问题、提出问题、分析问题、解决问题、创新问题	10	
自我反思	按时保质地完成任务；较好地掌握知识点；具有较为全面、严谨的思维能力，并能条理清楚、明晰地表达成文	25	
自评分数		100	

（2）组间互评

汇报表述	表述准确	15	
	语言流畅	10	
	准确反映该组完成任务情况	15	
内容正确度	所表述的内容正确	30	
	阐述表达到位	30	
互评分数		100	

续表

	(3) 任务完成情况评价		
任务完成评价	能正确表述课程的定位，缺一处扣 1 分	20	
	描述完成给定任务应具备的知识、能力储备分析，缺一处扣 1 分	20	
	描述完成给定的零件加工应该做的过程文档，缺一处扣 1 分	20	
	汇报时描述准确，语言表达流畅	20	
综合素质	自主研学、团队合作	10	
	课堂纪律	10	
任务完成情况分数		100	

知识链接

4.1 氢燃料电池系统特征

4.1.1 影响参数

1. 氢气循环比

在质子交换膜燃料电池（PEMFC）系统中，氢气循环比是关键的操作参数之一。这个比率定义为返回阳极的氢气流量与电池消耗掉的氢气流量之比。氢气循环比的大小不仅影响电池的湿度和电效率，而且还对整体系统性能有显著影响，如图 4-1 所示。

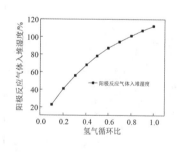
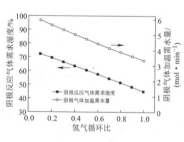
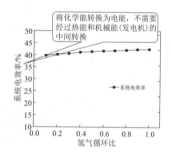

图 4-1 氢气循环比的影响

当氢气循环比增加时，由于气液分离装置分离出的氢气中仍含有一定量的气态水，阳极入口的湿度会相应增加。这个增加的湿度有助于减少阴极的湿度需求。随着氢气循环比的增加，电池的电效率会先缓慢上升，但达到一定阈值（约 0.6）后会趋于稳定，因为循环泵消耗的功率会抵消电池性能的提升。

2. 运行温度

氢燃料电池运行温度将直接影响电池电堆的水气平衡、电池输出电流与电压及系统效率。在一定范围内，运行温度与电池内部的电化学反应速率成正比关系，且将影响到阴极液态水含量和相对湿度。电池运行温度对湿度、电效率的影响如图4-2所示。

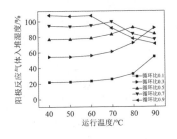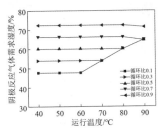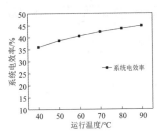

图4-2 运行温度的影响

在低氢气循环比条件下，运行温度升高会引起更多的气态水随着循环氢气一起从阳极入口进入电堆反应，阳极入堆湿度增加，阴极需求湿度基本保持不变。随着氢气循环比的增大，运行温度的提高会导致阳极入口的湿度先增加后减小，这是因为在低温时，高氢气循环比带来的高流量气态水能满足电堆入口湿度需求，而高温时循环气态水满足不了运行过程中水的饱和蒸汽压的非线性增长，从而导致阳极入堆湿度下降。阴极反应气体的需求湿度也会随着温度升高，先保持不变，然后当循环气态水满足不了运行条件时而增加。在保证氢气循环比和电堆加湿需求的前提下，运行温度的提高可以增大电池电效率。其原因在于运行温度提高增大了与冷却系统的温差，使辅助系统消耗的电池功率减小，从而增大电效率。此外，运行温度提高还有利于降低电池的活化损失，增大输出电压，从而增大电效率。

3. 运行压力

燃料电池堆的运行压力也是影响其性能和寿命的重要因素。运行压力升高会增加空气供给系统泵的功率消耗，同时改变水气平衡。运行压力的影响如图4-3所示。

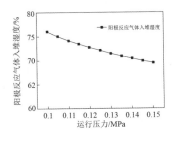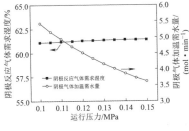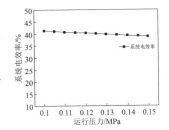

图4-3 运行压力的影响

随着运行压力的增加，循环尾气中的气态水流量减少，导致阳极入口的湿度下降。阴极反应气体的需求湿度在运行压力升高时基本保持不变，加湿需水量相应降低，因为阴极空气中水气分压的增加与需水量的减少达到平衡。此外，运行压力升高会导致空气泵功率增大，因此电效率也会相应增大。

4. 电流密度

PEMFC的电流密度是另一个影响系统性能的关键参数。电流密度的变化会影响内部水气平衡，包括阴阳两极生成物的生成速率和电迁移速率。具体影响如图4-4所示。

电流密度增大会导致循环尾气中的水分增大，但阳极入口的湿度基本不变。因为增加的电流密度使阴阳两极水的分配系数增大，从而使阳极出口有更多的气态水返回入口处。

电流密度的增加还导致电堆入口燃料氢气的流量增加，加湿需水量增加，因此阳极入口湿度和阴极空气的需求湿度基本保持不变。

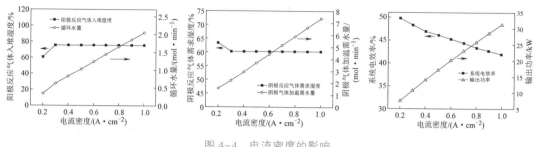

图 4-4　电流密度的影响

4.1.2　氢燃料电池汽车安全特征

1. 储氢系统安全

燃料电池汽车的储氢系统组成包括储氢罐、加氢和供氢管路、加氢开关等，其中储氢罐上带有两个分别检测罐内压力和温度的传感器和电磁阀。在氢燃料电池汽车安全系统中，我们将氢气安全分为主动安全和被动安全两部分。主动安全是指以氢管理控制模块（HMU）为中心，辅以储氢罐上的压力、温度传感器、电磁阀（HP_1、HT_1、V_1）及整车其他部位的 4 个氢泄漏安全传感器（HL_1、HL_2、HL_3、HL_4）的主动监控系统。主动安全系统实时监控储氢罐状态、氢气泄漏状态及整车运行状态，一旦出现安全问题可以随时关停系统，保证整车及车内人员安全。被动安全系统是指由一系列氢管道、安全泄压阀和排空管道组成的安全系统，当管路中的氢气压力超过泄压阀弹簧弹力时，球阀被顶起，氢气通过排空管路排放至大气中。储氢系统的具体功能如图 4-5 所示。

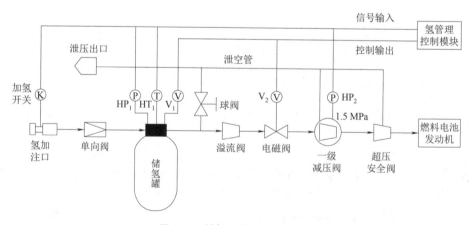

图 4-5　储氢系统的具体功能

氢管理控制模块对储氢罐和管路的压力检测关系到氢燃料电池系统及整车安全状态，是十分重要的安全指标。氢管理控制模块每 100 ms 采集一次罐内及管路压力样本，根据最近 6 次结果，剔除最大、最小值后除以 4，得到一个平均有效压力值。类似地，储氢罐罐内温度计算方法也是一样：100 ms 内连续采样 6 次，再使用去极值求平均值法得到一个平均有效温度值。在车辆供氢过程中,如果检测到的压力值在 [5 MPa, 35 MPa] 区间之外,氢管理控制模块立即向燃料电池管理中心发送压力过高或过低的报警信息并停止供氢。在车辆供氢过程中,如果一级减压阀传感器 HP_2 检测到压力值在 [0.5 MPa, 1.8 MPa] 区间之外,氢管理控制模块立即关闭 V_1、V_2 电磁阀,停止供氢,并将压力过高或过低的报警信息传给燃料电池管理中心。同样地,车辆运行中如果检测到的温度值在 [0 ℃, 80 ℃] 区间之外时,氢管理控制模块也会立即关闭 V_1、V_2 电磁阀,停止供氢,并将温度过高或过低的报警信息传给燃料电池管理中心。

2. 整车氢泄漏安全

目前市场上的氢燃料电池汽车主要是由质子交换膜燃料电池辅助蓄电池(动力电池)联合驱动的电动车,这主要是因为它有以下优点。

(1)燃料电池单独或与动力电池共同提供持续功率,且在车辆起动、爬坡和加速等峰值功率需求时,由动力电池提供峰值功率。

(2)在车辆起步时相功率需求不大,蓄电池可以单独输出能量。

(3)蓄电池技术比较成熟,可以在一定程度上弥补燃料电池技术上的不足。

基于以上原因,在氢燃料电池车中,储氢罐一般放在乘员舱后排位置,而把燃料电池堆放在前舱,中间通过氢管路连接。储氢系统的布置涉及整车前后舱,因此,我们按照氢气管路的分布,在整车的前舱、乘员舱、后舱及排气管上各布置一个防爆型氢气泄漏传感器,充分保证整车安全。氢泄漏传感器布置位置如图4-6所示。

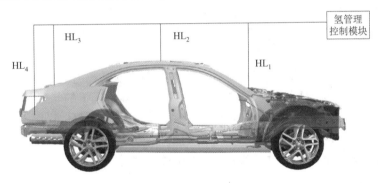

图4-6 氢泄漏传感器布置位置

其中排气管路中的传感器 HL_4 主要用于监测燃料电池反应后排放尾气中的氢气浓度,而 HL_1、HL_2、HL_3 分别监测前舱、乘员舱和后舱的氢气泄漏。4 个传感器的监测同样采用去极值求平均值的方法。氢气管理控制单元会每隔 100 ms 对这些传感器的值进行一次采样,取最近 6 个值,除去最高和最低值后,计算剩余 4 个值的平均值。氢气管理控制单元不仅将检测到的最高值(除 HL_4 外)作为氢浓度的报警阈值,每个传感器还设有各自的报警限值,一旦超过该值,系统将立即采取相应的安全措施。

氢泄漏报警分级包括轻度泄漏报警、中度泄漏报警和紧急泄漏报警。轻度泄漏报警发生在空气中氢气含量超过 1 000 ppm[①]但低于 5 000 ppm 时,此时氢气管理控制单元会提示轻微泄漏并提醒驾驶员注意。中度泄漏报警发生在氢气含量在 5 000 ppm 到 10 000 ppm 之

---

① 1 ppm=0.000 1%。

间，此时氢气管理控制单元会提示严重泄漏，建议立即停车进行检查。紧急泄漏报警则发生在氢气含量超过 10 000 ppm 时，此时氢气管理控制单元会进入紧急处理模式，关闭 V1 和 V2 两个电磁阀，并向车辆管理系统发出紧急报警信号，仪表板将实时显示相关故障和报警信息。

3. 氢燃料电池汽车的法规、标准

（1）ISO 23273—2013 国际标准对于氢气排放泄漏规定。

该标准适用于目前燃料电池汽车市场上的燃料电池汽车：以压缩氢气为燃料电池的燃料汽车，特别是对车内人员的安全保护和车内外用氢安全提出了相关要求，该标准严格规范了车辆的正常操作和单点故障情况。其中，对于尾气排放方面有如下规定。

①车辆在所有正常操作情况下，其燃料电池系统的排放、吹扫、排气和其他排放，汽车设计时应该防止含氢危险状况出现。正常操作模式包括起动、行驶、停车、熄火。

②车辆在所有正常操作情况下，排放至汽车舱内和单点失效情况不应该导致任何危险。

③无论是室内还是室外，无论是通风或者不通风，都要满足车内外的尾气排放都不可燃的法规要求。

（2）GTR 13 法规对于氢气排放泄漏的规定。

该法规适用于标称工作压力（NWP）不大于 70 MPa、最大加注压力为 1.25 NWP 的氢储存系统，且该氢储存系统在汽车使用年限内稳固地连接在汽车上。

①氢气排放系统。氢储存系统的温控压力泄放阀上如果有排氢出口，应该使用帽盖保护。排出的氢气不允许进入车内空间、不允许进入车轮罩和朝向氢气罐，也不应从车辆后方和平行于道路两侧的水平方向排放。在车辆运行过程中，任何情况下尾气排放出的氢气在连续 3 s 内，平均体积浓度不超过 4%，任何时刻不得超过 8%。

②单点故障下防止车辆易燃的条件。氢储存系统泄漏情况下的氢气，不能直接排入乘客舱、行李舱、货舱，或者不能进入无保护点火源的封闭或半封闭空间。主氢气开关阀后面的任何单点故障不得导致氢气进入乘客舱内任何地方。车辆运行过程中，如果某个单点故障导致氢气泄漏，此时车内封闭或半封闭空间的氢气体积浓度超过 2%，应发出警告。如果超过 3% 应立即关闭开关阀，隔离氢储存系统。

③燃料系统泄漏。燃料系统的氢传输管路及主氢气开关阀后面的氢系统应在标称工作压力情况下不发生泄漏。测试时，从高压部分燃料电池堆的管路上接近位置处，以及各个管路连接处使用气体探测器等工具进行泄漏评估。

④信号报警。车内几个传感器检测监控过程中，如果发现氢浓度超标，则应立即向用车人员以文字或图像形式展示。驾驶员在驾驶位置任何情况下都可清晰看见报警信号，发生故障显示为黄色或红色。当车辆钥匙转至 ON/START 挡时，无论是白天还是夜晚驾驶员都要清晰地看见报警信号的状态。

（3）SAE J 2578 标准对于氢气排放泄漏的规定。

SAE J 2578 标准是为燃料电池汽车及其子系统确立的安全准则和方法，用于氢燃料系统和燃料电池系统集成在整车上使用的特殊要求准则。

①燃料系统完整性方面的要求。氢燃料电池汽车与其他燃料电池汽车或非燃料电池汽车发生碰撞后均有可能发生严重的氢气泄漏。对于燃油系统的碰撞标准来说，FMVSS 301

规定，从车辆碰撞到静止，燃油泄漏不超过 28 g；车辆停止后的 5 min 内泄漏量不超过 142 g；再后来的 25 min 内泄漏量不超过 28 g/min；车辆开始翻滚至每个连续 90° 翻滚的前 5 min 内燃油总共泄漏量不超过 142 g。燃料电池汽车除了参考该标准的等效能量燃料标准值外，还要求系统中不会排出其他危险液体。

②车辆浸水要求。如果发生车辆浸水情况，无论车内是否有人，都应保证整车系统电压或电流、气体或液体排放、火焰或爆炸等对汽车内外人员出现危险的情况不会发生。

③失效安全保护模式要求。燃料电池汽车失效进入保护模式时，防止某个单点故障引起的不必要排放，直至燃料完全不排出，安全关断。

④舱内潜在危险情况管理要求。燃料电池汽车所有含有或产生危险气体的组成或部件，都应该布置在潜在危险情况可以管控的汽车空间内。

⑤正常情况下的气体排放系统。在车辆正常运行过程中，吹扫、通风和排放释放的燃料不能导致危险情况发生，对于一些有毒性或可燃性的潜在危险气体，可以使用遮挡、自然通风或强制通风、催化反应或其他方法避免进入车内。

4. 汽车碰撞后氢安全检测方法

目前，氢燃料电池汽车对于碰撞时和碰撞后的安全要求，只能参考燃油车和电动汽车的标准，尤其是对于碰撞后的氢安全检测方法和技术要求，还未有专项标准。因此，在开展氢燃料电池汽车整车碰撞试验时，可参考国际标准进行检测，包括如何检测碰撞后氢气泄漏量、氢气泄漏量的最大限值是多少，以及发生氢气泄漏后如何检测密闭空间的氢气浓度及浓度限值要求等。国际上，SAE J2578—2023《燃料电池汽车一般安全推荐规程》和 GTR 13《氢燃料电池汽车全球技术法规》介绍了燃料电池汽车碰撞后的气体泄漏检测方法。

（1）SAE J2578—2023 检测方法。

SAE J2578—2023《燃料电池汽车一般安全推荐规程》详细介绍了如何检测碰撞试验后的气体泄漏。该规程介绍了 3 种碰撞后测试气体泄漏量的方法：①储氢罐在公称工作压力下的氢气泄漏检测方法；②储氢罐在公称工作压力下的氦气泄漏检测方法；③储氢罐在较低压力下的氢气泄漏检测方法。

由于氢气发生泄漏后危险性较大，因此，目前在国内进行氢燃料电池汽车碰撞试验时，不使用氢气，而是考虑使用惰性气体。在惰性气体中，氦气的分子量和氢气是最接近的，因此，可参考第 2 种检测方法。对于氦气泄漏量值的规定中，SAE J2578—2023 规程根据燃油汽车碰撞后 60 min 内允许泄漏的液体燃料为 1.7 kg，按照汽油和柴油的平均低热值为 42.7 MJ/kg 计算，允许泄漏能量为 72 590 kJ。氢燃料电池汽车碰撞后 60 min 内的泄漏能量最大值也应为 72 590 kJ，按照氢气的低热值 119 863 kJ/kg 计算，允许泄漏的氢气质量为 606 g，相当于在一个大气压下 15 ℃ 时的体积为 7 107 L。因此，氢气的泄漏速率最大值为 118 L/min。利用 60 min 可泄漏氢气质量 606 g 的小孔，仿真在 60 min 内通过该孔可泄漏的氦气质量。通过仿真数据，发现泄漏质量随储氢罐体积的增大而减少，但是和储氢罐的公称工作压力关系很小，可忽略公称工作压力的影响。拟合得到不同储氢罐体积下的氦气泄漏质量限值公式

$$W_{He} = \frac{4\,270}{V} + 904 \tag{4-1}$$

式中，W_{He} 为 60 min 内氦气泄漏质量限值；V 为储氢罐体积。

以储氢罐体积 200 L 为例，那么 60 min 内允许泄漏的氦气质量为 925 g。

由于在碰撞试验后检测气体泄漏的这段时间内，初始的储氢罐气体压力、初始的气体温度、检测结束时的气体温度，以及测试时间等因素都会影响氦气的泄漏质量限值。因此，需要考虑这几个因素对限值产生的修正系数。SAE J2578—2023 通过研究测试时间和泄漏气体质量的关系、初始气体压力、温度和泄漏气体质量的关系，得到带有修正系数的氦气泄漏质量限值公式

$$M_{AL} = \left(\frac{4\,270}{V} + 904\right) \times \frac{T_L}{60} \times \frac{P_s}{P_{NW}} \times \frac{\sqrt{(288 \times T_{avg})}}{T_s} \tag{4-2}$$

式中，M_{AL} 为允许的氦气泄漏质量；T_L 为测试时间；P_s 为初始的储氢罐气体压力；P_{NW} 为公称工作压力；T_s 为初始的储氢罐气体温度；T_{avg} 为平均气体温度。

平均气体温度 T_{avg} 是由多次测量取平均值得到的。碰撞前那一时刻测量 1 次，然后每 15 min 测量 1 次。对于测试时间，则根据测量精度要求决定，以下将介绍两者的关系，以及如何制定测试时间。

在实际的碰撞测试中，检测人员通过记录储氢罐碰撞前后的压力变化来估算气体的泄漏量。根据相关规程，测试误差不应超过测试值的 10%。当前，测试过程中的测量误差包括传感器误差、零点漂移、热传导敏感误差以及模拟信号到数字信号转换误差等。对于最大量程为 70 MPa 的压力传感器而言，上述误差的累计可能达到 0.5%。因此，为确保测量精度，碰撞前后的气体压力变化需要超过传感器量程的 5%。在储氢罐初始压力相同的情况下，如果发生气体泄漏，60 min 内的气体压力下降值将随着储氢罐体积的增加而减少。图 4-7 展示了在不同公称工作压力和体积下，60 min 后储氢罐内压力下降值是否达到测量精度要求。图中的 5% 直线表示不同公称工作压力下，传感器量程 5% 对应的压力值。例如，当储氢罐初始压力为 70 MPa，体积为 200 L 时，60 min 内气体泄漏导致的压力下降值超过传感器量程的 5%，满足测试精度要求。如果储氢罐体积超过 200 L，压力下降值将低于传感器量程的 5%，此时需要延长测试时间。

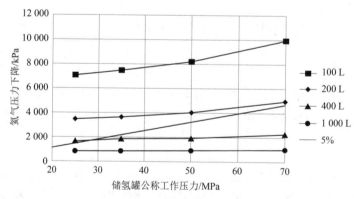

图 4-7　不同储氢罐体积下 60 min 内氦气压力下降曲线

通过仿真模拟，得到了不同体积的储氢罐在不同初始压力下，发生气体泄漏后罐内压力下降达到 5% 所需的时间，如图 4-8 所示。可以看出，若瓶内初始压力相同，储氢罐体

积越大，所需时间越长。对于 70 MPa 的储氢罐，体积 100 L 时只需要 26 min，而体积 200 L 时，需要 56 min。

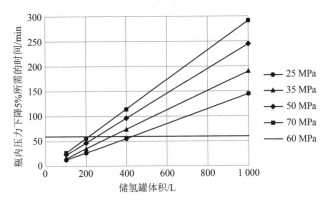

图 4-8　不同体积的储氢罐压力下降 5% 所需的时间的仿真曲线

根据仿真曲线，可得到 70 MPa 时储氢罐体积和压力下降 5% 所需的时间关系式

$$T_{-5\%} = \frac{V \times P_{NW}}{1\,000} \times \left\{ (-0.028 \times P_{NW} + 5.5) \times \frac{R_S}{P_{NW}} - 0.3 \right\} - 2.6 \times \frac{R_S}{P_{NW}} \tag{4-3}$$

式中，R_S 为压力传感器量程。

当计算出的时间不到 60 min 时，测量时间须制定为 60 min。对于商用车来说，整车搭载 4~10 只储氢罐，储氢罐总体积可达 400~1 200 L。为了能更精确地检测出泄漏气体的质量，碰撞后检测气体泄漏的时间需要更长。

碰撞前测量罐内初始压力，碰撞后，经过上述制定的测量时间后，再次测量罐内压力。利用两次压力值计算碰撞前后的罐内气体密度，得到实际泄漏的氢气质量。计算公式分别如下。

①将测量压力转换为一个大气压下 15 ℃时，压力

$$P_{s_{15}} = P_s \times \frac{288}{T_s} \tag{4-4}$$

$$P_{e_{15}} = P_e \times \frac{288}{T_e} \tag{4-5}$$

式中，$P_{s_{15}}$ 为碰撞前气体压力转化为 15 ℃的压力；P_s 为碰撞前罐内气体压力；T_s 为碰撞前罐内气体温度；$P_{e_{15}}$ 为碰撞后气体压力转化为 15 ℃的压力；P_e 为碰撞后瓶内气体压力；T_e 为碰撞后瓶内气体温度。

②根据压力计算氢气密度，计算公式为

$$D_s = -0.004\,3 \times (P_{s_{15}})^2 + 1.53 \times P_{s_{15}} + 1.49 \tag{4-6}$$

$$D_e = -0.004\,3 \times (P_{e_{15}})^2 + 1.53 \times P_{e_{15}} + 1.49 \tag{4-7}$$

式中，D_s 为碰撞前氢气密度；D_e 为碰撞后氢气密度。

③计算实际泄漏的氢气质量，计算公式为

$$M_L = (D_s - D_e) \times V \tag{4-8}$$

式中，M_L 为泄漏氢气的质量；V 为储氢罐体积。

因此，利用氦气进行碰撞后的气体泄漏检测流程如图 4-9 所示。

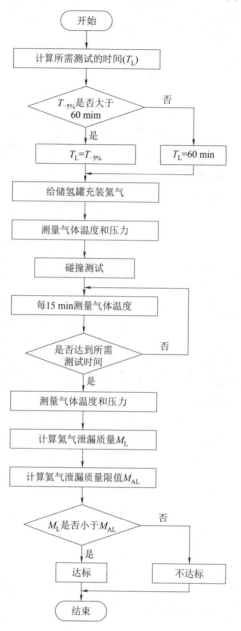

图 4-9　碰撞后氦气泄漏检测流程

（2）GTR13 检测方法。

GTR13 中关于如何检测碰撞后气体泄漏有两种方法：①利用氢气进行检测；②利用氦气进行检测，没有提到储氢罐在较低压力下的氢气检测方法。GTR13 中的两种测试方法，整体思路和 SAE J2578—2023 是相同的，但与 GTR13 的检测方法有几点区别，总结如下。

①在氢气泄漏测试方法中，测量时间和气体密度计算公式与 SAE J2578—2023 稍有不同，但影响不大。由于国内基本以氦气进行碰撞后气体泄漏检测试验，因此，这里不再展开介绍。

②GTR13 中规定氢气泄漏体积流量最大为 118 L/min，但没有考虑整个测试过程中温度对泄漏速率的影响。而 SAE J2578—2023 在制定氢气泄漏质量限值时，考虑了测试过程中温度的变化对泄漏质量的修正系数。

③对于气体泄漏的符合性判断，GTR13 是判断实际的气体泄漏体积流量是否小于气体泄漏体积流量限值，而 SAE J2578—2023 是判断实际的气体泄漏质量是否小于气体泄漏质量限值。GTR13 根据计算提出了氢气泄漏的平均体积流量和氦气泄漏的平均体积流量的关系，关系式为

$$V_{H_2} = \frac{V_{He}}{0.75} \tag{4-9}$$

若气体温度为 15 ℃，氢气泄漏平均体积流量为 118 L/min，则氦气泄漏平均体积流量应为 88.5 L/min。根据上述对比分析，SAE J 2578 在进行碰撞后的气体泄漏检测时，考虑因素较为全面，明确提出了储氢罐在不同公称工作压力下、不同体积时所需的气体泄漏检测时间是不同的。压力相同时，储氢罐体积越大所需检测时间越长；储氢罐体积相同时，压力越大所需检测时间越长。

5. 碰撞后密闭空间气体浓度测试方法及限值

对于碰撞后密闭空间气体浓度的测试，仅 GTR13 介绍了测试方法，并规定了气体浓度限值。

（1）气体浓度测试方法。

在技术要求方面，对于浓度传感器而言，当氢气的体积浓度为 4%、氦气的体积浓度为 3% 时，传感器的测量精度需要达到 5%。传感器的检测范围应超过预期监测浓度的 25%，例如，如果要检测 10% 的气体浓度，则传感器的检测范围至少应为 12.5%。在气体浓度发生显著变化时，传感器应在 10 s 内以至少 90% 的概率作出反应。在进行碰撞试验之前，需要在 3 个特定位置安装浓度传感器：驾驶员座位上方 250 mm 或乘客舱顶部中央、乘客舱后排座椅前方 250 mm 的地板上、以及行李舱和货舱顶部 100 mm 处。测试地点应选在无风的室外或空旷室内，数据可通过车内的数据采集装置或远程传输方式进行采集。从车辆碰撞发生的瞬间开始采集数据，数据采集频率至少为每 5 s 一次，采样时间持续至少 60 min。对于不同体积和不同工作压力的储氢罐的燃料电池汽车，其密闭空间气体浓度的测试时间可参考 SAE J2578 中关于气体泄漏检测时间的规定进行调整。

（2）气体浓度限值。

在碰撞后至少 60 min 内的任一时刻，若用氢气作为试验气体，则浓度应低于 3%±1%，若用氦气作为试验气体，则浓度应低于 2.25%±0.75%。氦气的浓度限值是氢气浓度限值的 75%，原因是氦气泄漏的体积流量是氢气的 75%。

4.1.3 氢燃料电池失效特征分析

氢燃料电池汽车实际使用过程中，经常会长时间行驶，这导致电池组需要不断进行电化学反应工作，造成质子交换膜的长时间使用发生老化、腐蚀及催化剂中毒，一旦能量转换效率不能满足要求则需要立即更换。此外，在城市路况下运行，尤其是上下班高峰时期，需要不断地起动、停车，甚至发生大幅度变换负荷的情况，长此以往有可能在某个时间点导致电池组单片电池失效损坏，从而导致整个燃料电池失效。

1. 电池组反极导致失效

前面我们已经了解到,氢燃料电池汽车的电池是由几片单体电池串联构成的,当电池组内稳定流过一定电流时,电池组的工作电压即为组成的几片单体电池工作电压之和。电池组反极产生是在多片单体电池串联同时使用时,已失效或将完全失效的单体电池成了未失效或好电池的负载,好的电池对完全失效或将完全失效的干电池反充电形成的。而单片电池失效产生的原因有两个。

(1)当整个电池组处于运行状态时,其中的某片或某几片电池得不到与其他正常工作电池相应的燃料供应时,氧气就会随时转移至燃料室,来维持正常的电流供应。此时,在阴极一侧发生的反应变为

$$O_2+4e^-+4H^+ \xrightarrow{\text{氧气供应充足时}} 2H_2O \xrightarrow{\text{氧气不足}} 4H^++4e^- \xrightarrow{\text{发生反极时}} 2H_2$$

(2)同样地,如果当整个电池组处于运行状态下时,其中的某片或某几片电池得不到与其他正常工作电池相应的氧气量时,氢气就会反过来迁移至氧化剂室,保持电流连续。此时,在阳极一侧发生的反应变为

$$2H_2 \xrightarrow{\text{氢气供应充足时}} 4H^++4e^- \xrightarrow{\text{氢气不足}} 2H_2O \xrightarrow{\text{发生反极时}} 4H^++4e^-+O_2$$

电池组反极实际上是将氢燃料电池的正常能量转换(化学能转为电能)逆转,消耗电能将氧气从阴极转移到阳极。反极现象发生后,如果继续运行,部分电池产生的氧气会通过共用通道进入邻近单体电池,导致整个电池组电压下降,极端情况下还可能在共用通道或气室内因氢氧混合而爆炸。反极的原因可能包括供气系统、排气系统故障、双极板加工问题、气体流速过低等。为此,加强燃料电池组的监控至关重要,一旦发现电池电压低于0 V,应立即切断负载。

2. 电解质子交换膜损坏导致失效

质子交换膜在燃料电池中最主要的作用说的就是传输质子,除此之外还充当分隔氧气与氢气的作用。如果质子交换膜发生损坏,后果与电池组反极类似:氢氧混合后在催化剂作用下发生燃烧与爆炸,从而损坏电池组。质子交换膜发生损坏的原因有以下两点。

(1)膜离子的污染。发生污染的污染源主要有不纯净的氧气与氢气、老化的管道及电池堆材料等。这些杂质离子会导致质子交换膜内的水流量发生变化,严重时使膜内缺水、性能衰退。因此,质子交换膜一旦被污染,将会直接影响电池组的性能,降低电池的输出功率。

(2)膜物理化学性质的改变。随着长时间的使用,质子交换膜强度降低,导致气体渗透度增加,从而给电池带来不稳定因素:氢氧混合后可能会在气室内或公用管道内形成过氧化氢,过氧化氢又会进一步导致膜材料失效,进而发生爆炸,毁坏电池组。目前氢燃料电池汽车采用的质子交换膜普遍存在稳定性差现象,膜吸收水分时要溶胀、失去水分时要收缩,变化幅度高达10%~20%。若膜电极组件制备条件不合适,或者在电池启停过程中引起膜水含量的大幅度急剧变化,或者电池运行增湿不足,都会导致膜的损坏。

4.2 氢燃料电池系统动态性能

4.2.1 氢燃料电池系统模型

1. 极化曲线模型

氢燃料电池系统的典型动态特征之一是其内部电堆的极化曲线，如图4-10所示。

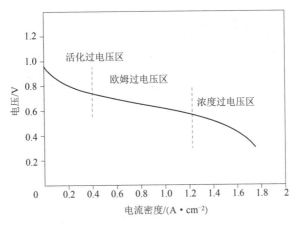

图4-10 电堆的极化曲线

　　燃料电池的极化主要分为三个阶段：低电流时的活化过电压区、中等电流时的欧姆过电压区以及高电流时的浓度过电压区。在低电流阶段，为了克服反应物之间的化学反应能量门槛，活化过电压成为主导。在电流密度较低时，主要的电压损耗来源于活化过电压。鉴于其效率较低，不宜在此区域下运行燃料电池。当电流密度逐渐增加时，活化过电压的影响减弱，而电池中的电阻性损耗引发的欧姆过电压开始成为主要的电压损失源。这种电阻损耗主要出现在电解质、电极及区域接头中。根据欧姆定律，整个区域的电压损耗量表现为线性变化。当电流密度趋近于极限电流密度（即催化剂表面的反应物浓度降至零）时，浓度过电压成为电压损失的主要原因。这种电压损失是因反应物消耗速度超过供应速度所致。浓度过电压与电流密度的关系由 Barbir（2005 年）提出，计算公式为

$$v_{conc} = \frac{RT_{cell}}{2F}\ln\left(\frac{i_L}{i_L - i}\right) \tag{4-10}$$

式中，i_L——极限电流密度，A/cm^2；

　　　i——电流密度，A/cm^2；

　　　R——气体常数；

　　T_{cell}——电池温度，K；

　　　F——法拉第常数（每摩尔电荷电子的电子，即 96 485 C/mol）。

　　电流密度接近极限值时，电池电压急剧下降。由于反应物短缺可能导致质子交换膜受到不可逆损害，因此避免在此区域操作燃料电池是必要的。极化曲线的具体形态受到堆栈温度和反应压力的影响。因此，可以通过在不同操作条件下测量的综合极化曲线来描述其在整个操作区域的堆栈性能。燃料电池输出电压的公式表明，在正常工作条件下浓度过电

压通常较小（即反应物充足），所以在某些研究中忽略浓度过电压，采用 Nernst 方程对开路电压进行模拟

$$\nu_{fc} = E - \nu_{act} - \nu_{ohm} - \nu_{conc} \tag{4-11}$$

式中，E——开路电压；

$\quad \nu_{act}$——活化过电压；

$\quad \nu_{ohm}$——欧姆过电压；

$\quad \nu_{conc}$——浓度过电压。

浓度过电压在正常工作条件下通常很小（即反应物不足不发生），因此，在一些研究中忽略浓度过电压，利用 Nernst 方程对开路电压进行建模，公式为

$$E = 1.229 - 8.5 \times 10^{-4} \left(T_{cell} - 298.15 \right) + 4.308 \times 10^{-5} T_{cell} \left(\ln\left(\frac{P_{an}^{H_2}}{P_{atm}}\right) + \frac{1}{2}\ln\left(\frac{P_{ca}^{O_2}}{P_{atm}}\right) \right) \tag{4-12}$$

式中，$P_{an}^{H_2}$——氢气分压，Pa；

$\quad P_{ca}^{O_2}$——氧气分压，Pa；

$\quad P_{atm}$——标准大气压（101 kPa）。

图 4-11 和图 4-12 分别是不同的操作压力、不同的操作温度对极化曲线的影响。

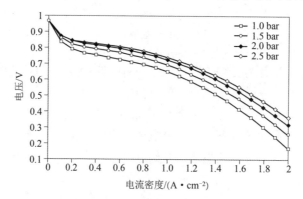

图 4-11　操作压力对极化曲线的影响

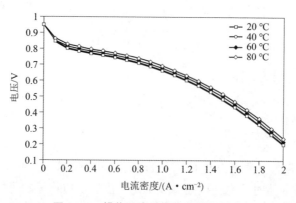

图 4-12　操作温度对极化曲线的影响

从图 4-11 可以看出，随着反应物压力增加，燃料电池的性能得到提升，这是因为化

学反应与氢气、氧气的压力呈正比关系。然而，较高的压力对堆栈的密封性和额外压缩机的功率需求较大。在图 4-12 中，可以看到堆栈温度的提高同样能增强其性能，但温度必须控制在水沸点 100 ℃ 以下。超过此温度，水分蒸发产生的水蒸气会显著降低氧含量，从而大幅减弱电池性能。

2. 空压机模型

在燃料电池汽车中，空压机扮演了至关重要的角色。作为一项关键技术，它需满足如无油、体积小、高压力、噪声低和功耗低等多项要求。具体而言，可以分为以下几个方面：

（1）高能量转换效率是非常必要的。因为空气压缩机的动力来自氢燃料电池的电能输出，如果压缩机消耗过多电能，将会减少汽车的驱动力，从而影响整车性能。

（2）在燃料电池中，质子交换膜要求压缩空气必须完全无油，并具备适当湿度。通常用于其他领域的喷油冷却压缩机，因此不适用。所需的是提供高压、低流量的干净空气，绝对不能含有任何碳氢化合物，例如油。

（3）空压机应在全负荷工作状态下高效运行，并且在广泛的流量范围内保持高效率，能够迅速调整以适应燃料电池的功率输出变化。

（4）考虑到车载环境的特殊性，空压机需要在保持较大空气流量的同时，具备轻巧的重量、小巧的体积和高可靠性。

（5）氢燃料电池运行时应保持静音，因此对空压机的噪声水平有严格控制要求。

（6）材料方面，为了满足低成本、噪声小和耐用性目标，关键部件的涂层和材料必须具备低成本、稳定的摩擦性能和高耐磨性。

（7）基于以上要求，目前市面上广泛应用的工业压缩机并不适合用于燃料电池电动汽车。

目前所采用的供气系统包括容积式和速度式流体机械。容积式压缩机能够在较小容量下提供相对较大的空气流量，其流量与转速呈准线性关系，这一特性符合车载燃料电池的基本需求。在 PEMFC 系统中，通常使用空气压缩机（以下简称空压机）作为氧化剂的供应设备。空压机的流动性取决于其速度和压力比，可以通过空压机效率图来确定，如图 4-13 所示。压缩效率图展示了在不同的压力比和质量流量因子下的效率情况。图中还标注了恒定转速因子线。质量流量因子和转速因子分别定义为 $\dfrac{W_{cp}\sqrt{T_1}}{1\,000P_1}$ 和 $\dfrac{N}{\sqrt{T_1}}$，其中 W_{cp} 代表质量流率（g/s）；T_1 是空压机入口温度（293.15 K）；P_1 代表入口压力（即大气压）；N 是空压机转子的转速（r/min）。

空压机通常由电动机驱动，因此，电动机的角速度为

$$J_{eq}\,\varpi_m = T_m - f_{eq}\,\varpi_m - \gamma T_{cp} \tag{4-13}$$

式中，ϖ_m——电动机角速度，rad/s；

$\quad\gamma$——空压机和电动机的齿轮齿数比$\left(\gamma = \dfrac{\varpi_{cp}}{\varpi_m}\right)$；

$\quad J_{eq}$——空压机和电动机的结合惯性，kg·m²；

$\quad T_m$——电动机转矩，N·m；

$\quad f_{eq}$——摩擦系数，（N·m）/（rad·s⁻¹）；

T_{cp}——空压机转矩，$N \cdot m$。

空压机效率为

$$\eta_{\text{cp}} = g\left(\frac{P_{\text{ca. im}}}{P_{\text{atm}}}, \ \frac{W_{\text{cp}}}{10^3}\right) \tag{4-14}$$

式中，g——空压机性能；

$\quad W_{\text{cp}}$——空压机流动速率，g/s；

$\quad P_{\text{ca. im}}$——供给歧管压力，Pa。

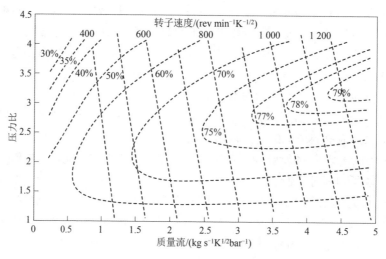

图 4-13　空压机效率图

3. 加湿器模型

在氢燃料电池汽车的运行中，质子交换膜的含水量对电堆的效能及其寿命起到关键作用。含水量偏低的质子交换膜无法有效地传导质子，这会导致电堆性能的降低，并可能在持续运行中损伤质子交换膜，最终造成氢燃料电池发动机的功能故障。反之，含水率过高则可能引起水淹，同样影响氢燃料电池发动机的正常运作。因此，保持质子交换膜适宜的含水率，通过进气加湿控制技术，对提升氢燃料电池发动机的性能尤为重要。利用加湿器（见图 4-14）对氢燃料电池发动机引入的反应气体进行加湿，以维持质子交换膜在最佳水分状态，是提升其性能的有效方法。理想的加湿器应具备低流阻、高加湿效率和简单的制造过程等特点，并且能有效地传输水分子，同时阻挡空气中的其他成分。

加湿器需要具备流阻小、加湿性能高、制作简单等优点，同时，还应具有较好的水分子传输及阻止空气中其他成分的通过能力。常见的加湿方式主要有鼓泡加湿法、液

图 4-14　加湿器

态水喷射加湿法、湿膜加湿法、中空纤维加湿法和焓轮加湿法。而中空纤维加湿器和膜加湿器在氢燃料电池发动机系统中应用最为广泛。中空纤维加湿器主要由内部亲水材料制作

的均质无孔中空纤维和外部壳体组成。运行时，电堆排出的高温、高湿气体从中空纤维束外侧流过，待加湿气体从中空纤维束内侧流过，水由于浓度差扩散作用从中空纤维外侧扩散至内侧，并蒸发进入反应气体中，完成对气体加湿。通过对气体流量、中空纤维材料、中空纤维丝表面积、排气温度、排气的流量、气液间压差来调节加湿量的大小，可得到特定工况的反应气体，满足氢燃料电池发动机的正常运行。膜加湿器主要是由壳体、湿膜加湿器芯体等组成。运行时，电堆排气中的水分被湿膜材料吸收，形成均匀的水膜；当干燥的空气通过湿膜材料时，水分子充分吸收空气中的热量而汽化、蒸发，使空气的湿度增加，形成湿润的空气。通过调节气体流量、湿膜的大小和厚度及水温来改变湿膜加湿器加湿量的大小。可将具有特定工况的反应气体送入电堆，满足燃料电池发动机的正常运行。

通过阴极侧加湿器调节的相对湿度为

$$\mathrm{RH}_{\mathrm{ca.hum}} = \frac{P^{\mathrm{V}}_{\mathrm{ca.hum}}}{P^{\mathrm{sat}}_{\mathrm{ca.hum}}} \times 100\% \qquad (4\text{-}15)$$

式中，$P^{\mathrm{V}}_{\mathrm{ca.hum}}$——水蒸气分压，Pa；

$P^{\mathrm{sat}}_{\mathrm{ca.hum}}$——水蒸气的饱和压力，Pa。

忽略加湿器和阴极进气歧管之间的压力降，阴极加湿器压力（$P_{\mathrm{ca.hum}}$）等于阴极进气歧管压力（$P_{\mathrm{ca.im}}$）。水蒸气的摩尔分数为

$$\mathrm{MF}^{\mathrm{V}}_{\mathrm{ca.hum}} = \frac{P^{\mathrm{sat}}_{\mathrm{ca.hum}}\mathrm{RH}_{\mathrm{ca.hum}}}{P_{\mathrm{ca.hum}}} \qquad (4\text{-}16)$$

水蒸气、氧气、氮气的质量分数分别为

$$\alpha^{\mathrm{v}}_{\mathrm{ca.hum}} = \frac{M_{\mathrm{v}}\mathrm{MF}^{\mathrm{v}}_{\mathrm{ca.hum}}}{M_{\mathrm{a}} - M_{\mathrm{a}}\mathrm{MF}^{\mathrm{v}}_{\mathrm{ca.hum}} + M_{\mathrm{v}}\mathrm{MF}^{\mathrm{v}}_{\mathrm{ca.hum}}} \qquad (4\text{-}17)$$

$$\alpha^{\mathrm{O}_2}_{\mathrm{ca.hum}} = \frac{0.233(M_{\mathrm{a}} - M_{\mathrm{a}}\mathrm{MF}^{\mathrm{v}}_{\mathrm{ca.hum}})}{M_{\mathrm{a}} - M_{\mathrm{a}}\mathrm{MF}^{\mathrm{v}}_{\mathrm{ca.hum}} + M_{\mathrm{v}}\mathrm{MF}^{\mathrm{v}}_{\mathrm{ca.hum}}} \qquad (4\text{-}18)$$

$$\alpha^{\mathrm{N}_2}_{\mathrm{ca.hum}} = \frac{0.767(M_{\mathrm{a}} - M_{\mathrm{a}}\mathrm{MF}^{\mathrm{v}}_{\mathrm{ca.hum}})}{M_{\mathrm{a}} - M_{\mathrm{a}}\mathrm{MF}^{\mathrm{v}}_{\mathrm{ca.hum}} + M_{\mathrm{v}}\mathrm{MF}^{\mathrm{v}}_{\mathrm{ca.hum}}} \qquad (4\text{-}19)$$

式中，M_{a}——空气的摩尔质量，g/mol；

M_{v}——水蒸气的摩尔质量，g/mol。

气体混合物的摩尔质量为

$$M^{\mathrm{m}}_{\mathrm{ca.hum}} = \mathrm{MF}^{\mathrm{v}}_{\mathrm{ca.hum}}M_{\mathrm{v}} + 0.21(1 - \mathrm{MF}^{\mathrm{v}}_{\mathrm{ca.hum}})M_{\mathrm{O}_2} + 0.79(1 - \mathrm{MF}^{\mathrm{v}}_{\mathrm{ca.hum}})M_{\mathrm{N}_2} \qquad (4\text{-}20)$$

4. 热传输模型

温度同样会对电池的输出性能产生重要影响。在一定范围内，升高温度有助于提升电池的输出性能。但温度过高，会导致质子交换膜脱水，增大其质子电阻率，最终导致电池性能衰减。通常情况下，电堆的温度要控制在80℃以下。温度升降取决于电堆存储热能的变化，而电堆存储热能会随着电堆负载的变化而变化。负载增加，功率损耗增加，电堆存储热量增加，电堆温度升高。根据能量守恒定律，电堆存储热能的大小主要受电堆总功率P_{total}、电堆输出电功率P_{elec}、单位时间冷却物质（冷却水或冷却空气或其他）带走的热量Q_{cool}和单位时间电堆向外辐射的热量Q_{loss}的影响。

电堆的热平衡方程为

$$C_t = \frac{\mathrm{d}T'}{\mathrm{d}t} = Q_{stack} \tag{4-21}$$

$$C_t \frac{\mathrm{d}T'}{\mathrm{d}t} = P_{total} - P_{elec} - Q_{cool} - Q_{loss} \tag{4-22}$$

式中，C_t——电堆热容；

　　　T'——温度，℃，$T' = T - 273.15$ ℃。

　　单位时间电堆向外辐射的热量为

$$Q_{loss} = \frac{T' - T_{amb}}{R_t} \tag{4-23}$$

式中，T_{amb}——环境温度，℃；

　　　R_t——电堆热阻。

4.2.2　氢燃料电池控制系统

　　为了实现高效的质子交换膜燃料电池（PEMFC）性能，设计和实施精确的控制系统是一项具有挑战性的任务。这主要是由于各子系统间的复杂相互作用。调节空气和燃料的流量，需要依靠精准的控制算法来确保提供足够的反应物分压。同时，必须调节压力以防止因反应物间的压差而引起膜的损坏，实施热管理以维持适宜的温度，并进行功率管理以确保所需功率的传递。另一个关键问题是水资源的管理。为保证燃料电池的正常运作，其膜电极组件（MEA）需要充足的水分以避免脱水。但是，水分过多会阻碍反应物的输送，从而降低燃料电池的效率。

1. 流量控制

　　（1）阴极流量和压力控制。

　　通常，阴极的流量和压力分别由压缩机和背压阀控制。根据氧气的消耗速度和氧化剂过量比（这个比率描述了燃料电池反应中供应的氧气与理论上所需氧化剂量的比例。当氧化剂供应过量时，可以确保氢气完全氧化，提高电池效率并避免燃料的浪费）来确定所需的流速，通常设定为 2。在这一部分中，设计了两个 PI（比例-积分）控制器分别对压缩机和背压阀进行控制。PI 控制器的工作原理可通过以下数学公式表达展示：

$$u(t) = k_p e(t) + k_i \int_0^t e(t)\mathrm{d}t \tag{4-24}$$

式中，k_p，k_i——比例和积分增益；

　　　$e(t)$——误差。

　　为了调节阴极的压力，一旦 PI 控制器被开发，其控制信号被描述为

$$u_{bpv}(t) = k_p^{bpv} e_{p_{ca}} + k_i^{bpv} \int_0^t e_{p_{ca}}(t) \tag{4-25}$$

式中，k_p^{bpv}，k_i^{bpv}——光伏控制器增益；

　　　$e_{p_{ca}}$——阴极压力误差。

　　空压机也由 PI 控制器控制，其描述公式为

$$u_{cp}(t) = k_p^{cp} e_{w_{cp}} + k_i^{cp} \int_0^t e_{w_{cp}}(t) \tag{4-26}$$

式中，k_p^{cp} 和 k_i^{cp}——控制器增益；

$e_{w_{cp}}$——空压机流率误差。

用一系列的电流阶跃测试作为模拟情景。空压机控制器参数 $k_p^{cp}=2\times10^{-3}(V/(kg\cdot s^{-1}))$，$k_i^{cp}=4\times10^{-3}(V/kg)$。阴极背压阀控制器参数 $k_p^{bpv}=1\times10^{-3}(V/(kg\cdot s^{-1}))$，$k_i^{bpv}=1\times10^{-3}(V/kg)$。由此可以看出，在稳定状态下，由于活化、欧姆和浓度的过电压的增加，堆栈电压随着电流的增加而下降。由于反应物的分压下降而导致产生更小的电池开路电压，该电压降在过渡周期内更显著。

氧、氮和水蒸气分压的仿真结果，如图 4-15 所示，从图可以看出，由于耗氧量增加，氧分压随着电流的增大而减小，并达到稳定的值，即空压机流量达到稳定状态。由于低电流减少了水蒸气的产生，水蒸气分压随着电流减小而下降。

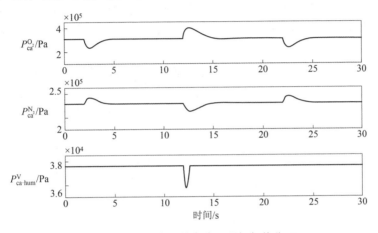

图 4-15　阶跃变化的电流下阴极气体分压

阴极压力（P_{ca}）使用背压阀进行调节，如图 4-16 所示，图中 A_{bpv} 为背压阀控制器电流、V_{bpv} 为背压阀控制器电压。在稳定状态下，阴极的压力保持在 3.0×10^5 Pa。由于耗氧率的增加，阴极压力最初随着电流的增加而下降。

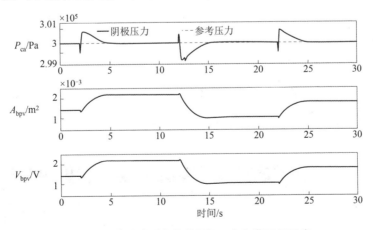

图 4-16　电流阶跃变化的阴极压力和背压阀开度

（2）阳极压力控制。

阳极气体通常包括氢气和水蒸气。为了降低阳极和阴极之间的压力差，由比例压力调

节器来控制阳极压力（P_{an}）。流经比例压力调节器的流量为

$$W_{ppr}^{an} = k_1(P_{ca} - P_{an}) \qquad (4-27)$$

式中，k_1——比例增益。

如图 4-17 所示为燃料电池的阳极设备，其中包括比例压力调节器、加湿器、燃料电池阳极及冲洗阀。燃料电池的阳极端与这些组件协同工作，通常阳极出口保持闭合状态。这种配置比开放式结构更高效，且比循环配置简化。然而，产生的过量水分有可能会导致氢气通道受阻，因此定期通过排气阀排水是必要的。冲洗阀可与阳极出口的常闭电磁阀联合工作。如图 4-18 所示，顶部第一个图展示了氢气流量（单位 g/s）随时间的变化。可以观察到，在排气阀开启的瞬间（每 5 s 一次，持续 10 ms），氢气流量出现尖峰。这表明排气阀的操作直接影响了氢气的供应。同时，氢气流量的尖峰与阳极压力的尖峰相对应。这意味着压力的变化与氢气的流动直接相关。当排气阀开启时，因为排出了一部分气体，造成压力暂时上升。在此过程中，比例压力调节器补偿了净化流，这意味着调节器在检测到流量或压力的变化时自动调整，以维持系统的稳定。这种自动调整帮助平衡了由于排气阀操作引起的短暂波动。在排气阀关闭后，系统试图恢复到一个稳定的状态，但由于氢气的持续消耗和比例压力调节器的调节，压力可能会出现轻微的波动。

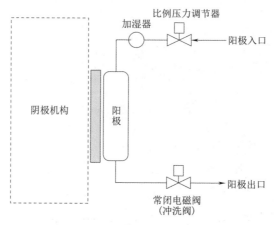

图 4-17　燃料电池的阳极设备

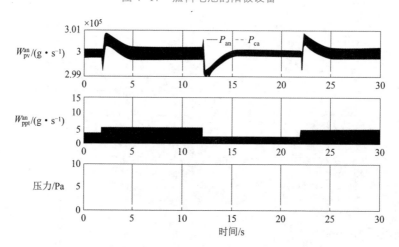

图 4-18　电流阶跃变化的阳极总压力和净化操作的流速

2. 温度控制

使用安装在燃料电池堆周围的热管理系统以控制电堆堆栈的温度是用于热管理的最常用的技术之一。通常使用的冷却剂是水和乙二醇基水解。该控制的目的是保证该堆栈温度保持在合理的范围内。设计热管理系统时应该要考虑的另一个重要因素是使泵功率消耗最小，以提高系统的整体效率。使用水作为冷却剂的一个控制策略，可以保持堆栈温度在合理的范围内。引入反馈线性化控制器，目的是改变冷却剂的质量流动速率（质量流率），从而实现所需的温度。此外，PI 控制器被用于调节泵，产生所需的质量流率。燃料电池热管理系统与 PI 控制器的框图如图 4-19 所示。

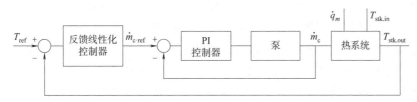

图 4-19　燃料电池热管理系统与 PI 控制器的框图

热管理系统的控制目标是 70 ℃，调节冷却剂的出口温度使用的反馈线性控制器具有以下结构

$$\dot{m}_c = \frac{K(rVC_p)_e(T_{SP} - T_{stk.out}) - \dot{q}_{in}}{C_{p.e}(T_{stk.in} - T_{stk.out})} \tag{4-28}$$

上式中，V 是体积；$C_{p.e}$ 是入口流体的比热容；T_{sp} 是设定点的温度；控制增益 K（经过试验和误差调整后定为 0.9）被设置，以实现最快的瞬态响应和最小的超调量。接着，计算了 PI 控制器的比例增益和积分增益，以使闭环系统具有 0.8 的衰减比和 10 Hz 的自然频率。这些增益值分别为 $K_p = 0.512\ 1$ 和 $K_i = 0.314\ 5$。图 4-20 展示了冷却剂的相关参考值、内外温度、冷却剂入口温度以及传递给冷却剂的热量，这些被视为系统的干扰因素。无论信号形式如何，反馈线性化控制器都能够忽略这些干扰，使热管理系统对不同的冷却液入口温度和功率损失保持有效。此外，该控制策略确保了泵的输入电压不会超出其标称工作范围，并提供了足够的冷却剂流量来调节堆温度。

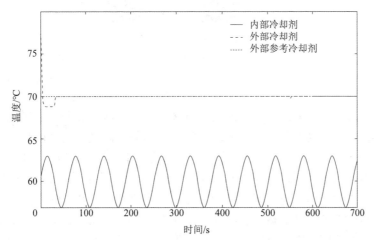

图 4-20　电流阶跃变化下内、外部冷却剂及外部参考冷却剂温度

4.2.3 氢燃料电池低温启动

氢燃料电池系统不能在 0 ℃以下的环境中正常启动是阻碍氢燃料电池汽车商业化的主要障碍之一。当质子交换膜燃料电池处于低温环境时，由于氢燃料电池在使用过程中需要对氢气和空气加湿，这些残留的水分在燃料电池系统停机以后就会在电池内部结冰，生成的冰会阻碍氢气和空气在膜电极内部的扩散，同时也会阻碍质子交换膜燃料电池阴极生成水的排出。

1. 燃料电池低温运行原理

燃料电池发生电化学反应的核心部件为膜电极，由阳极气体扩散层、阳极催化层、质子交换膜、阴极催化层及阴极气体扩散层组成，其中阴极催化层是氧气还原反应的场所，也是燃料电池产生水和热量的核心区域。在正常工作条件下，燃料电池内部产生的水以气态或液态形式存在，由催化层传输至气体扩散层，再通过阴极气体流道的对流作用排出。然而，当电池启动温度低于 0 ℃时，燃料电池反应生成水有可能形成固态冰，堵塞多孔电极与气体流道，阻碍反应的持续进行。如图 4-21 所示，阴极的氧气与氢离子发生电化学反应，在生成产物水的同时产生一定的热量。当电堆在低温启动时，阴极催化层生成的水随着反应的进行逐渐积累至过饱和状态，凝结为液态水。如果环境温度在冰点附近，则在反应热的作用下，产物水反应处的局部温度提升至冰点以上，液态水通过毛细作用与对流作用排出；如果环境温度远低于冰点，则反应热不足以将产物水反应处的局部温度提升至冰点以上，阴极催化层生成的水将结冰，并覆盖多孔电极层及反应气体流道，从而阻碍电化学反应的进行。同时由于膜电极结冰处的体积膨胀作用，破坏了多孔电极结构，降低了燃料电池的寿命。

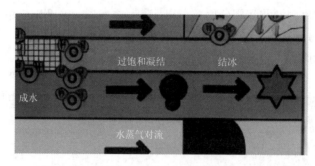

图 4-21 燃料电池冷启动过程膜电极阴极反应
产物水的相变机制

2. 燃料电池低温启动控制

通过一种外部冷却介质预热电堆的设计方案，在燃料电池加载之前迅速提升电池堆温度至冰点以上，避免启动时可能出现的结冰现象，从而提高燃料电池的低温环境适应性与工作寿命。如图 4-22 所示，借助小型蓄电池或其他供能模块预热冷却液，通过冷却液循环预加热电池堆。当电池堆温度高于 0 ℃时，启动电池堆内部的电化学反应并逐渐加载，同时利用反应热进一步提升电堆温度至额定值，实现燃料电池系统的安全、高效冷启动。

由于电池堆内部各部件的热容及冷却液（加热介质）流动性的差异，燃料电池在低温启动时电堆内部的温度分布具有明显的不均匀性。为了提高燃料电池堆预热升温效率，建立低温启动策略，在建立燃料电池二维非稳态模型的基础上，研究电池堆低温启动的动态温度分布特性及其主要运行参数的影响规律。

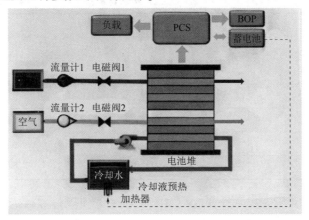

图 4-22　燃料电池冷启动辅助设计方案

　　燃料电池模型主要涉及的部件包括膜电极组件、双极板、端板、冷却流道及冷却液分配主流道等。如图 4-23 所示，图 4-23（a）为单体电池二维模型，冷却液流道设置为直流道，总长度 40 cm；冷却液流道毗邻部件为阴、阳极双极板，双极板之间为膜电极；双极板两侧为端板。由于该模型主要涉及冷却液的流动及电池内部的传热效应，不考虑电化学反应过程，因此，模型中将膜电极部件作为一个整体，并设定其综合热容、热导率等参数。如图 4-23（b）所示为 20 节电池堆模型结构，其中冷却液通过 Z 状主管道并行分配至每节电池。

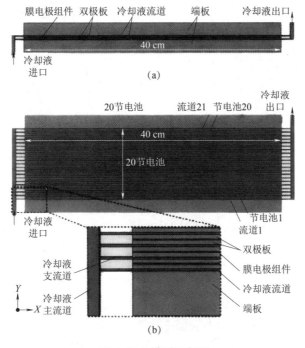

图 4-23　模型示意图
（a）单体电池二维模型；（b）20 节电池堆模型及其进口结构

模型主要结构参数如表 4-1 所示。

表 4-1　模型主要结构参数

符号	参数	数值
d_1/mm	膜电极厚度	0.5
d_2/mm	双极板厚度	1
d_3/mm	端板厚度	20
d_4/mm	冷却液流道高度	0.5
W_m/mm	冷却液主流道宽度	5
L/mm	双极板宽度	400

燃料电池模型计算中，设置各部件初始温度（$t=0$ s 时刻）T_0 为 -30 ℃，冷却液进口温度为 50 ℃，模型其他几何边界条件设置为绝热。冷却液进口线速度为常量 U_0，冷却液出口的压强为 0 Pa。

3. 燃料电池低温启动温度分布

燃料电池堆冷却液进口线速度 $U_0 = 0.1$ m/s。如图 4-24 所示为电池堆节电池出口温度分布的动态变化趋势，电池堆各节电池出口温度在预热初期（0~20 s）温度基本不变，但在 25~100 s 期间迅速升温，至 100 s 时大部分节电池温度接近冷却液进口温度。尽管节电池 1 与节电池 20 的冷却液流速最高，但其温度及升温速率低于电池堆中部节电池，主要是由于电池堆端板的热容效应。

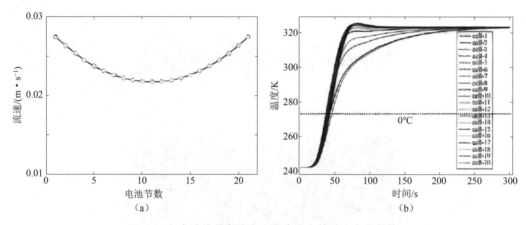

图 4-24　电池堆节电池出口温度分布的动态变化趋势
（a）电池堆内部冷却液流速分布；（b）电池堆冷启动过程单节电池出口温度变化

如图 4-25 所示为电池堆冷启动过程温度分布，由图 4-25 中标注的冰点位置动态分布可见，电池堆中间区域的节电池温度远高于端部节电池及端板温度。在冷却液进入电堆初期（0~10 s），由于各节电池与主管道进口之间距离不同，温度分布差异明显，其中下端节电池与主管道进口距离较短，最先获得冷却液的加热效应，而上端节电池与主管道进口距离较长，因此，温度最低（如图 4-24 所示的 5 s 时刻温度分布图）。在 20 s 以后的升温期间，电池堆内部的等温线呈垂直的 M 状分布，即端部节电池 1 与节电池 20，以及中部的节电池 10~13 温度最低，而节电池 3 与节电池 18 温度最高。该温度分布主要由冷却液流速与电池堆端板热电效应共同决定：端部节电池冷却液流速最高，但端板散热较多，导致温度最低；中部节电池虽然没有端板的散热效应，但冷却液流速最低，获得热量最少，从而导致温度最低；而节电池 3 与节电池 18 则由于具有较高的冷却液流速，且不受端板散热的影响，因此，温度最高。

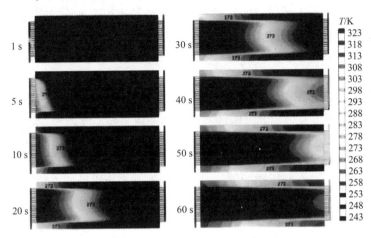

图 4-25 电池堆冷启动过程温度分布

知识拓展

1. 氢燃料电池汽车行车前后的安全要求

（1）在出车前驾驶人员应对氢燃料电池汽车进行必要的日常检查，确保氢燃料电池汽车专用装置无泄漏或异常现象。

（2）在出车前、后驾驶人员应对氢燃料电池汽车上裸露在外的车载供氢系统部件作目视检查，确保高压储氢容器表面无损伤，连接管路和主要接口完好，车载供氢系统框架无裂缝、变形、无异响或松动、紧固带无松动等异常现象。

2. 氢燃料电池汽车行车及用车过程中的安全要求

（1）氢燃料电池汽车驾驶人员应遵守国家交通法规及燃料电池汽车使用安全要求。

（2）车辆应严格按照整车产品使用说明书操作。对于氢燃料电池汽车运营车辆，驾驶员在上岗之前应接受针对氢燃料电池汽车使用的专业安全知识培训。

（3）氢燃料电池汽车起动前、后，应确保仪表盘高压储氢容器压力和温度数据正常、无故障报警，车载供氢系统无泄漏和车上各安全测控系统正常工作。

（4）氢燃料电池汽车应尽量避免涉水行驶。遇积水达到车辆限定涉水深度的 50% 时，车辆应限速 20 km/h 行驶。遇积水达到车辆限定涉水深度的 70% 时，车辆应限速 5 km/h 或绕行。车辆若涉水，应尽快联系车辆维修部门进行检查并维修。

（5）对于氢燃料电池公交车，如果其高压储氢容器位于车辆顶部，车辆在行驶过程中应注意限高杆、路牌、桥梁和树干等。

（6）车辆在行驶过程中，驾驶人员应及时关注车辆仪表报警的情况，发生氢气泄漏等问题时，应及时处理。

3. 氢燃料电池汽车停放时的安全要求

（1）氢燃料电池商用车宜停放于地面露天场所。若停放于室内受限空间，宜停放于地下一层及以上的区域，并采取安全设施。

（2）氢燃料电池汽车在运行进出受限空间时，其氢排放体积浓度在任意连续 3 s 内平均值应不超过 4%，任意时刻的平均浓度应不超过 8%。

（3）氢燃料电池汽车在受限空间停放时，其氢泄漏体积浓度不应超过 1%。

（4）氢燃料电池汽车在受限空间停放时，不得使用如油布之类的覆盖物覆盖车辆。

（5）氢燃料电池汽车在受限空间停放时，应停放在专门区域，并设置专门的氢燃料电池汽车识别设备。

（6）氢燃料电池汽车在受限空间停放时，室内停车场地除应符合 GB 50067—2014 的规定外，车辆停放区域上方应按照空间间隔布置气体探测器，探测器与释放源的水平距离应不超过 5 m，车辆停放场地的最高点气体易于堆积处也应设置可燃气体探测器，探测器选型及布置应参照 GB/T 50493—2019。

（7）氢燃料电池汽车在受限空间停放时，室内停车场地应设置连锁通风设施，通风设施应一直开启或定时间隔开启。平顶建筑应设置横向通风，棱形建筑应设置纵向通风。

（8）氢燃料电池汽车在受限空间停放时，室内停车场地内应规范设置消防安全设施、配备消防器材，考虑氢气大规模泄漏情况，应做好应急准备。

（9）非加注氢气期间，车辆加氢口应盖上防尘盖，同时应确保加氢口舱门处于锁闭状态。

4. 氢燃料电池汽车加注氢气时的一般要求

（1）氢燃料电池汽车的静电接地带应保持与地面良好接触。

（2）氢燃料电池汽车高压储氢容器内的氢气压力应不低于 2 MPa。

（3）氢燃料电池汽车应以纯电模式进入或驶离加氢站。

（4）氢燃料电池汽车进入加氢站应服从工作人员指挥，严禁在站区内吸烟、使用通信工具及违反加氢安全注意事项。

5. 氢燃料电池汽车氢气充装要求

（1）车辆在充装前应在加氢站待检区接受站内人员的检查，检查不合格的车辆和不合格气罐不得进行充装，严禁充装超期未检气罐、改装气罐、翻新气罐、报废气罐及未办理使用登记的气罐。

（2）车辆在充装前，车上人员应将车辆熄火并切断总电源，车上人员未撤离充装区时不得开始充装。

（3）充装作业时，除站内相关工作人员外，其余人员不得进入充装区。

（4）充装作业时，充装人员应按照规定穿戴防护用品，按充装规程进行操作，气瓶充装压力、温度及流速应符合规定。

（5）充装作业时，安全管理人员应实时监控充装过程并进行巡回检查，及时纠正相关人员的违规行为。

（6）气体充装压力应符合气罐额定工作压力，不得超压、超温充装。

（7）充装结束并经检查人员检查合格后，方可通知车上人员进入充装区，将车辆驶离。

（8）充装过程中如车辆发生异常或充装结束后检查不合格，应立即停止充装并移至安全区域，严禁在充装区维修或起动故障车辆。

（9）加氢站应对充装作业及安全检查全程做好记录。

6. 氢燃料电池汽车发生氢气泄漏时的处理措施

（1）氢气充装过程中发生少量泄漏时应立即停止加氢，拔出加氢枪并将车辆推至安全区域。

（2）氢气充装过程中发生大量泄漏时应立即停止加氢，按下紧急切断按钮，人员撤离至安全区域，启动应急处置方案。

（3）驾驶员在车辆运行过程中发现氢气泄漏报警情况时，应就近安全区域停车，停车位置要求通风良好，附近严禁有明火，并联系专业服务人员，听从专业服务人员安排进行应急处理。

（4）车辆运行过程中发生氢气泄漏导致车辆无法正常行驶，驾驶人员按照交通法规要求放置警示标识，杜绝一切火源，及时联系专业服务人员，听从专业服务人员安排进行应急处理。

（5）交通事故发生后，发生氢气泄漏应及时检查人员情况，同时对车辆供氢系统进行检查，查看是否存在氢压异常或氢气管路有嗤嗤声等现象，发现车辆有漏气情况时，驾驶员应按照交通法规要求放置警示标识，并第一时间通知专业服务人员，由专业服务人员按应急方案进行处置。

（6）发生事故导致氢气泄漏时，车辆的处理地点尽量避免在人口密集区，如只能在原地进行处理，应在周围设置提示牌。

（7）当车辆发生事故并有明火现象时，驾驶员应立即停车并采取紧急灭火措施，同时拨打119报警，确定无法扑灭时，撤离至安全区域并通知专业服务人员。

实训工单

实训参考题目	氢燃料电池汽车氢泄漏处理			
实训实际题目	由指导教师根据实际条件和分组情况，给出具体实训题目，包括实训车型、具体实训项目、实训内容等。检测项目以空压机、绝缘电阻、储氢系统为主，根据分组情况可以分配不同的部件进行检测			
组长		组员		
实训地点		学时		日期
实训目标	（1）能够依据实训实际题目和要求，独立完成实训前的各种准备。 （2）能够结合实训汽车识别所有的部件。 （3）能够根据现场泄漏情况紧急查找漏气点，检查储氢罐压力，必要时打开超压排放阀释放压力。 （4）能够使用专用工具对泄漏点进行紧固处理。 （5）能够模拟处理氢气大量泄漏或积聚等紧急情况，并维护应急处置现场秩序			

续表

一、接受实训任务

　　燃料电池电动汽车发生氢气泄漏的主要预兆包括：气管路松动；压力表的压力读数持续下降；氢气泄漏报警；氢系统低压报警；管路安全阀泄压；储氢罐压力泄放装置（PRD）泄压；氢气管路变形；阀门变形；储氢罐表面出现损伤；储氢罐或阀门出现位移或错位；加注时间异常；加注结束后气罐压力快速降低（需排除加注后气罐压力受温度下降的影响）；燃料电池低压报警。无论是氢气加注过程中发生泄漏，还是车辆运行过程中发生泄漏，学生应能准确判断泄漏点，并做出相应处理措施，防止进一步扩大泄漏导致严重后果

二、实训任务准备（以下内容由实训学生填写）

　　（1）实训车辆登记。
车型：_____；车辆的识别代码：_____
　　（2）实训车辆里程数：_____。
　　（3）实训车辆检查。
有无刮痕痕迹：□无　□有；仪表能否正常显示：□能　□否
能否正常行驶：□能　□否；有无其他缺陷：□无　□有
　　（4）故障灯检查。
有无故障灯：□无　□有
　　（5）实训车辆模拟检测项目：_____。
　　（6）实训车辆模拟维护项目：_____。
　　（7）实训车辆检测与维护资料是否完整：□完整　□不完整（原因：_____）
　　（8）对氢燃料电池汽车的基础知识是否熟悉：□熟悉　□不熟悉
　　（9）本次实训需要的安全防护用品准备情况：□齐全　□不齐全（原因：_____）
　　（10）本次实训需要的专用仪器设备准备情况：□齐全　□不齐全（原因：_____）
　　（11）本次实训所需时长约：_____。
　　（12）实训完是否需要检验：□需要　□不需要
　　（13）其他准备：_____

三、制订实训计划（以下内容由实训学生填写，指导教师审核）

　　（1）根据本次氢燃料电池汽车的检测与维护实训任务，完成物料的准备

完成本次实训需要的所有物料			
序号	物料种类	物料名称范例	实际物料名称
1	实训车辆	实训用氢燃料汽车一辆	
2	安全防护用品	护目镜	
		手套	
		安全帽	
3	专用仪器设备	氢浓度检测仪	
		加氢设备、氢罐	
		专用拆装工具	
		肥皂水	
		夜间应急处理灯	

序号	物料种类	物料名称范例	实际物料名称
3	专用仪器设备	气体探测仪	
		警示牌、隔离带	
		静电释放器	
4	资料	《氢燃料电池安全指南》	

（2）根据检测规范及要求，制定相关操作流程

氢气泄漏检测及处理操作流程

序号	作业项目	操作要点

（3）根据实训计划，完成小组成员任务分工

操作员（1人）		客户（1人）	
协作员（若干人）		记录员（1人）	

操作员负责检测具体氢气泄漏点并做出处理，客户负责氢气泄漏实训内容结果的验收，协作员负责协助操作员完成氢气泄漏处理具体实训内容的操作，记录员做好氢气泄漏处理具体实训内容的记录

（4）指导教师对制订实训计划的审核

审核意见：

　　　　　　　　　　　　签字：　　　　　　　　年　　月　　日

四、实训计划实施

（1）从进入实训场地开始，到实训结束，完整记录实训过程的详细实施步骤、实施内容和实施结果。例如：实施步骤1，实施内容是准备好实训车辆，实施结果是把实训车辆放置在正确位置；实施步骤2，实施内容是做好个人防护，实施结果是做好安全防护、正确佩戴防护用具

实施步骤	实施内容	实施结果

实施步骤	实施内容	实施结果

（2）实训结论

检测项目	检测工具	检测结果	标准值
气管路松动情况（是否松动及松动部位）			
压力表读数变化情况（1 min 内是否持续下降）			
有无氢气泄漏及低压报警提示			
氢气管路是否存在变形			
阀门完好程度（是否变形）			
氢气罐表面损伤情况			
加注时间异常情况判断			

五、实训小组讨论

讨论1：氢燃料电池汽车泄漏主要预兆包括哪些？

_____

_____

_____

_____

讨论2：氢气加注发生泄漏时，如果出现高压氢气泄漏应如何处理？对于泄漏量较小的情况应如何处理？

_____

_____

_____

_____

_____

讨论 3：客运氢燃料电池汽车运行过程中发生氢气泄漏时的处理步骤是什么？

_____

_____

_____

_____

_____

_____

讨论 4：发生交通事故引起泄漏后的紧急处理措施有哪些？

_____

_____

_____

_____

_____

_____

六、实训质量检查

请实训指导教师检查本组实训结果，并针对实训过程中出现的问题提出改进措施及建议

序号	评价标准	评价结果
1	实训任务是否完成	
2	实训操作是否规范	
3	实施记录是否完整	
4	实训结论是否正确	
5	实训小组讨论是否充分	
综合评价	□优　　□良　　□中　　□及格　　□不及格	
问题与建议	问题：	
	建议：	

续表

实训成绩单			
项目	评分标准	分值	得分
接受实训任务	明确任务内容，理解任务在实际工作中的重要性	5	
实训任务准备	实训任务准备完整	5	
	掌握氢燃料电池汽车的基础知识	5	
	能够正确识别氢燃料电池汽车的关键部件	5	
制订实训计划	物料准备齐全	5	
	操作流程合理	5	
	人员分工明确	5	
实训计划实施	实训计划实施步骤合理，记录详细	10	
	实施过程规范，没有出现错误	10	
	能够正确对实训车辆基础知识进行讲解	15	
	能够对实训得出正确结论	10	
实训小组讨论	实训小组讨论热烈	5	
	实训总结客观	5	
质量检测	学生实训任务完成、实训过程规范、实施记录完整、结论正确	10	
实训考核成绩		100	

七、理论考核试题　　　　　　　　　　成绩：

（一）名称解释（每题 8 分，共 40 分）

（1）质子交换膜燃料电池。

_____

_____

_____

_____

_____

（2）氢循环比。

_____

_____

_____

_____

_____

（3）罗茨式空压机。

（4）热量管理系统。

（5）氢泄漏报警等级的中度泄漏情况报警。

（二）简答题（每题 5 分，共 60 分）

（1）质子交换膜燃料电池的工作原理是什么?

（2）氢燃料电池产生的能量取决于哪几个因素？

（3）流量供给系统包括哪两个部分？

（4）最常用的催化剂是什么金属？有哪些好处？

（5）气体扩散层的作用有哪些？

（6）双极板的特性有哪些？

_____

_____

_____

_____

_____

（7）氢气循环泵的作用是什么？

_____

_____

_____

_____

_____

_____

（8）氢燃料电池系统特征的影响参数主要是哪 4 个？

_____

_____

_____

_____

_____

（9）氢燃料电池汽车的储氢系统组成有哪些？

_____

_____

_____

_____

_____

（10）氢燃料电池极化分为哪 3 个部分？

_____

_____

_____

_____

_____

_____

（11）热管理最常用的技术是什么？原理是什么？

_____

_____

_____

_____

_____

_____

（12）氢燃料电池低温运行的原理是什么？

_____

_____

_____

_____

_____

_____

实训考核成绩		理论考核成绩	
综合考核成绩		指导教师签字	

任务二 燃料电池系统检测

任务目标

知识目标	能力目标
（1）了解燃料电池动力系统测试项目及测试工况。 （2）掌握燃料电池动力系统常规术语的含义	（1）能够进行燃料电池动力系统试验。 （2）能够进行蓄电池组及管理系统试验

任务分析

通过测试了解燃料电池内阻、电压特性、倍率特性、温度特性、循环寿命、能量密度等重要的参数，了解这些参数以论证被测燃料电池是否达到设计目标，同时掌握如何利用这些参数在使用燃料电池的过程中实现更好的管理和控制。通过测试，评估燃料电池满足需求的能力。这类测试可以理解为从应用的需求出发，反向推测出电池应该满足的特性，并经过测试来验证被测燃料电池是否达标。通过前面所学知识并查阅相关资料，了解燃料电池动力系统测试的主要方法。

任务工单

1. 学生分组					
班级		组号		授课教师	
组长		组员			
2. 任务					
（1）通过本任务的学习和老师的讲解，请说明燃料电池系统检测的项目					

（2）查询资料和网站，列出燃料电池系统检测的工作流程

3. 合作探究

（1）小组讨论，教师参与，确定任务（1）和（2）的最优答案，并检讨自己存在的不足

（2）每组推荐一个汇报人，进行汇报。根据汇报情况，再次检讨自己的不足

4. 评价反馈

（1）自我评价

评价指标	评价内容	分数/分	分数评定
信息收集能力	能有效利用网络、图书资源查找有用的相关信息等；能将查到的信息有效地传递到学习中	10	
感知课堂生活	能在学习中获得满足感，课堂生活的认同感	10	
参与态度，沟通能力	积极主动与教师、同学交流，相互尊重、理解、平等；与教师、同学之间是否能够保持多向、丰富、适宜的信息交流	15	
	能处理好合作学习和独立思考的关系，做到有效学习；能提出有意义的问题或能发表个人见解	15	
对本项目的认识	本项目主要培养的知识与能力，对将来工作的支撑作用	15	
辩证思维能力	能发现问题、提出问题、分析问题、解决问题、创新问题	10	
自我反思	按时保质地完成任务；较好地掌握知识点；具有较为全面、严谨的思维能力，并能条理清楚、明晰地表达成文	25	
自评分数		100	

（2）组间互评

汇报表述	表述准确	15	
	语言流畅	10	
	准确反映该组完成任务情况	15	
内容正确度	所表述的内容正确	30	
	阐述表达到位	30	
互评分数		100	

续表

（3）任务完成情况评价			
任务完成评价	能正确表述该项目的定位，缺一处扣1分	20	
	描述完成给定任务应具备的知识、能力储备分析，缺一处扣1分	20	
	描述完成任务的全面资料收集，缺一处扣1分	20	
	汇报时描述准确，语言表达流畅	20	
综合素质	自主研学、团队合作	10	
	课堂纪律	10	
任务完成情况分数		100	

知识链接

4.3　质子交换膜燃料电池试验

　　燃料电池试验主要包括燃料电池堆和燃料电池系统两部分，其中燃料电池堆的试验包括质子交换膜、催化剂、双极板和电堆本身的相关性能试验，这部分试验主要由燃料电池堆的研制单位开展，国内外已制定了相应的试验规范和标准。从整车应用的角度出发，设计者更关心燃料电池系统的性能，因此，本节只介绍燃料电池动力系统的相关试验方法。

　　为了节约人力、时间和经费，在燃料电池汽车研究与试制的初期阶段，应该尽量在实验室内进行大量的燃料电池系统动态仿真试验，通过试验台模拟各种车辆的实际运行工况，同时采集和记录试验数据，为整车的参数匹配和建模仿真提供可靠的依据。试验是建模的基础，反过来也是燃料电池系统模型正确与否的重要验证环节。

　　据有关资料估计，如果4/5的道路试验能以燃料电池系统台架试验代替，将使汽车的研制周期缩短至原来的1/4，而且完成相同内容的试验，台架试验的费用仅为整车道路试验的1/3。所以和传统的内燃机车辆一样，首先做好燃料电池系统的台架试验是很有必要的。

4.3.1　影响燃料电池性能的主要工作参数

　　影响质子交换膜燃料电池特性的主要工作参数有：燃料电池的工作温度、气体的工作压力、气体的流量、排气背压等。

　　（1）燃料电池的工作温度对燃料电池的输出特性的影响比较显著。随着温度的升高，燃料电池的内阻减小。在相同电流密度条件下，燃料电池的工作温度越高，燃料电池的工作电压随之增大。随着温度的升高，加速了反应气体向催化剂层的扩散，加速了质子从阳极向阴极的运动及生成物水的排出，这些都会对燃料电池性能的提高起到积极的作用。

　　（2）工作压力即反应物的工作压力，其对燃料电池堆的功率密度影响比较明显，一般来说，工作压力越高，功率密度越大。通常，燃料电池质子交换膜两侧的压力是保持平衡的，这样可以将气体通过交换膜的扩散减小到最低程度，因为这种扩散不仅会造成燃料电池工作电压的降低，而且扩散严重会导致氢氧混合物的爆炸。

（3）动态特性，如果燃料电池系统的燃料、氧化剂的供给足够多，理论上燃料电池系统可以适应工况的变化。燃料电池系统之所以存在瞬态响应时间问题，主要是由于燃料和氧化剂供给方面存在滞后，尤其是氢-空型的燃料电池，空压机存在很大的惯性，这是影响其动态特性的主要因素。

4.3.2　燃料电池试验的主要内容

根据燃料电池电动汽车动力系统的需求，主要从以下几个方面考察燃料电池系统的性能。

燃料电池
系统检测

（1）不同温度下的功率输出特性（功率-电流特性，电压-电流特性）：首先，在额定工作温度（70～80 ℃）下应能够持续提供额定功率；其次，在较低温度（如常温）运行时也能够提供足够的功率和电压。

（2）过载能力，能够提供一定时间的过载功率，以适应燃料电池汽车起步加速、爬坡、超车等需要大功率的行驶工况。

（3）启动特性，从冷态启动到正常工作的时间尽量短。

（4）动态性能瞬态响应时间和过渡特性，在大幅度变载（对应车辆突然加速和减速）时动态响应应足够快，同时输出电压在允许值范围内变化。

（5）效率特性（效率-功率曲线，效率-电流曲线等），该试验的目的是为车辆的系统匹配提供参考依据。

（6）不同的运行参数对燃料电池输出性能的影响，如燃料及氧化剂的压力、流量、排气的背压、工作温度等参数的影响。该试验的目的是优化燃料电池系统的运行参数，同时可以提供建模所需的数据。

4.3.3　燃料电池测试系统的基本结构

燃料电池测试系统部件组成与信号流如图4-26所示。

一般来说，燃料电池测试系统包括以下几个主要部分。

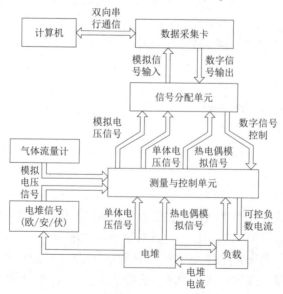

图4-26　燃料电池测试系统部件组成与信号流

（1）燃料储存和供给部分主要包括储氢罐、供氢管路、流量及压力传感器、流量控制阀等。

（2）氧化剂供给部分主要包括空压机（或鼓风机）、储气罐、压力仪表，差压传感器等。

（3）冷却系统温度测量主要包括电堆进出口水温的测量。

（4）载荷模拟系统可以有两种方案：一是选择电阻箱来模拟负荷，由脉宽调制控制器实现负荷的变化；二是选择电机作为燃料电池的载荷，然后再连接测功器，通过调节测功器的励磁来实现载荷的变化。模拟工况可以采用 USABC（美国先进电池联合体）的 DST 试验工况（见图 4-27），也可以选择其他的工况，视应用情况和目的而确定。

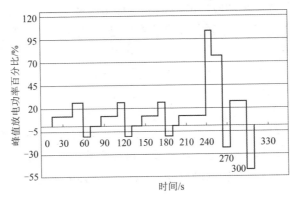

图 4-27　USABC 的 DST 试验工况

（5）氮气的供给设施。

（6）安全防护设施主要包括氢气安全防护和高低压电气安全防护等。

（7）控制与数据采集系统主要功能包括试验数据的采集、处理、保存，同时可以对试验参数，如燃料的供给量、氧化剂的压力、氢气与氧化剂的压差、冷却水的温度，输出的电流和电压等进行控制。

人机交互界面一般由 PC 机实现，PC 机与数据采集卡之间进行通信，可实现多通道的高速和低速数据采集，并且实现对负载、供气系统、冷却系统等的控制，如图 4-28 所示。

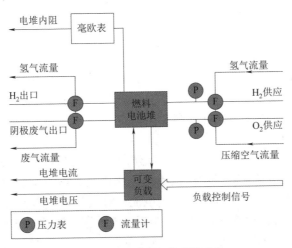

图 4-28　传感器与控制信号流

对控制与数据采集的硬件系统要求：具有足够的采样速度和采样精度；与软件系统相结合，尽可能将采样失真概率降低到最低限度。

对控制与数据采集软件的要求：能够直接在计算机的屏幕上实时显示各测量参数，记录并保存所有的测试数据，必要时可以回放测试过程；能够绘出要求的曲线，进行数据处理；能够系统地完成试验对象参数的标定，实现数据采集部分的校正；能够控制试验对象的关键参数，做好安全保护工作。

4.3.4 燃料电池系统的稳态和动态特性

1. 稳态特性

在燃料电池的负载逐渐增加或逐渐减小的过程中，燃料电池的电压-电流输出特性曲线是不重合的，如图 4-29 所示。虽然负荷改变值是一致的，但是对应的电压-电流输出特性曲线却存在差异。主要原因是交换膜中的水含量不同。交换膜中的水一是来自加湿蒸汽，在电堆的温度、压力一定时，该部分的值基本保持恒定；二是来自反应产生的水，该部分与电堆的负载存在函数关系，外部负载越大产生的水越多。当负载增加的时候，由于反应产生水需要时间，所以膜的湿度达不到要求，导致输出电压降低；当负载减小的时候，膜的湿度能够处于较好值，所以，输出电压较负载增加时有所升高。

此外，燃料电池的电压-电流输出特性受温度的影响很大，如图 4-30 所示为不同温度时燃料电池的典型输出特性曲线，对于特定的燃料电池必须通过试验了解在整个温度范围内燃料电池的伏安特性。

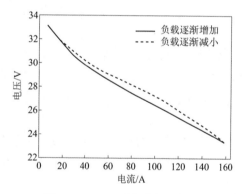

图 4-29　72 ℃时电堆极化曲线

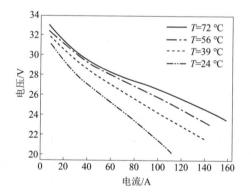

图 4-30　不同温度下的极化曲线

2. 动态特性

（1）启动性能可以用燃料电池系统从发出启动命令，到能维持自身工作（随时可以对外输出功率）的时间来评价其启动性能。一般来讲，质子交换膜燃料电池系统的启动性能与质子交换膜的加湿情况、电堆的温度、氢气和氧气（或空气）的压力控制等情况有关。

（2）燃料电池的负荷阶跃变化特性是当燃料电池系统接收到某一负荷变化的指令后，燃料电池系统对外输出功率随负荷变化的瞬态变化情况。如图 4-31 所示为变负载下的电压与电流的瞬态变化过程。一般来讲，燃料电池堆对负荷变化的响应时间少于 0.05 s。如图 4-32 所示，在某一负载改变的过程中，出现电流的剧烈波动，电流升至 130 A，电压降至 24 V，0.05 s 后电流稳定在 70 A，电压稳定在 26 V。

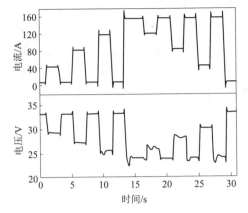

图4-31 变负载下的电压与电流的瞬态变化过程

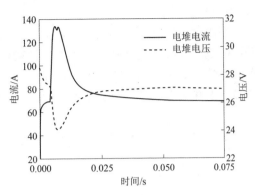

图4-32 电压电流瞬态变化过程

4.3.5 燃料电池的测试

为了对燃料电池系统进行测试、考核和评估，需要制定一套燃料电池系统性能测试规范。测试规范主要包括有关术语的定义、试验系统的组成、试验工况、试验内容和测试方法等。

1. 术语定义

（1）燃料电池系统：由燃料电池堆及其辅助系统组成，在外接氢源条件下可以正常工作，直接对外提供电能。其中辅助系统包括氢气供给系统（不包括气罐至一级减压阀部分）、空气供给系统（包括专用于空压机或鼓风机的 DC/DC，DC/AC 变换器），水/热管理系统、系统控制和安全保障系统等。

燃料电池系统及电池堆功率密度检测

（2）燃料电池发动机：能将氢燃料的化学能通过燃料电池系统、DC/DC 变换器、驱动电机及其控制系统直接转换为旋转式机械能而对外做功的系统。

（3）标定工况：用于标示燃料电池系统功率指标而指定的燃料电池系统工作状态，以功率为标志。

（4）怠速工况：能维持（燃料电池系统）自身工作，而不对外输出功率的工况。

（5）启动时间：燃料电池系统由接到启动命令至怠速工况所经历的时间。

（6）有效功率：燃料电池堆输出功率减去燃料电池系统的辅助系统消耗功率所剩的功率，即燃料电池系统净输出功率（图6-8中主DC/DC前的输出功率）。

（7）标定功率：在标定工况时的有效功率，燃料电池系统能够在此功率下持续工作一定时间。

（8）过载功率：在超过标定功率的负载情况下，按规定运行时间进行试验时，燃料电池系统和电池堆能达到的功率。一般规定运行时间为 3~5 min；过载功率统一规定为120%标定功率。

（9）电堆效率：燃料电池堆消耗燃料的能量转化为输出功的百分比。

（10）燃料电池系统效率：燃料电池系统消耗燃料的能量转化为有效功率的百分比，在此规定，以氢气低热值（LHV）计算。

（11）燃料电池系统体积功率密度：燃料电池系统单位体积的有效功率。

（12）燃料电池系统质量功率密度：燃料电池系统单位质量的有效功率。

2. 试验系统

测试对象为电池堆及其附属系统集成的燃料电池系统，负载系统由"主 DC/DC 变换器—电机控制器（逆变器）—电机—测功机"组成，如图 4-33 所示。燃料电池系统在试验台上的主要接口包括氢气供给系统接口、氢气放空管接口、氮气瓶接口、启动蓄电池组接口、电能输出接口、测试系统各种传感器接口、整车控制器接口等。

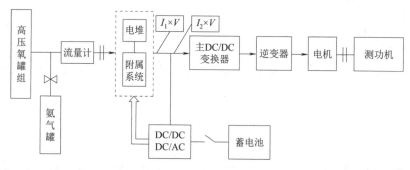

图 4-33　燃料电池试验系统

3. 测试项目及测试工况

试验系统主要测试电池堆输出功率、燃料电池系统有效功率、动力系统有效功率及燃料消耗量等。燃料电池系统有效功率的测量点设在主 DC/DC 变换器之前。

测试工作将分别考核电池堆和燃料电池系统的性能，以便分别对其进行性能评估和技术的改进。主要包括如下测试项目。

（1）系统常温启动性能测试。

（2）燃料电池系统按工况法性能测试。

（3）燃料电池系统环境温度适应性考核。

（4）安全性和水平衡情况的检测。

（5）燃料电池系统及电池堆功率密度检测。

（6）燃料电池系统振动性测试。

（7）燃料电池系统工况循环测试。

（8）燃料电池堆可靠性考核。

4. 试验过程及测试方法

（1）试验前的准备。

按照燃料电池系统研制单位提供的燃料电池系统在试验前应该准备的步骤，进行试验前的准备工作和试验台的校准工作。

（2）燃料电池系统常温启动性能测试。

在环境温度 10~40 ℃燃料电池系统附属系统由外界供电的条件下，按照试制方提供的启动操作方法启动燃料电池系统。启动前不允许预热。启动成功后停机冷却，连续启动3 次，每次间隔时间不少于 5 min。记录环境温度、环境湿度、进气温度、进气压力、冷却剂温度、启动时间，记录启动过程中电池堆输出电流、电压、蓄电池向空压机供电电流随时间变化的历程。

对不同试制方提供的燃料电池系统做启动测试时，选择环境温度基本相同，相差小于5 ℃。

（3）燃料电池堆和燃料电池系统按工况法试验。

燃料电池系统启动成功后，附属系统由燃料电池系统提供电能（DC/AC 变换器由测试装置提供），按照表 4-2 所列的工况法测试循环模式来运行燃料电池系统，在各个工况点时，分别测取氢气消耗量、电池堆的输出电流及电压，燃料电池系统净输出的电流及电压；记录电机转速、转矩和功率；测量空压机或鼓风机的功耗；记录进气温度、进气压力、冷却水温度、环境温度和湿度等；在标定工况和过载工况时，记录燃料电池系统输出电流和电压随时间变化的历程。

试验过程中，燃料电池系统进气口（上游 6 cm 处）温度不超过 45 ℃。

表 4-2 测试循环工况（以额定功率 100 kW 的燃料电池系统为例）

工况号	工况	燃料电池系统（有效功率/标定功率）/%	工况稳定运行时间/min
1	怠速	0	5
2	部分负荷	最大冷机加载量*	2
3	怠速	0	10
4	部分负荷	20	2
5	部分负荷	60	2
6	标定工况	100	60
7	部分负荷	80	2
8	部分负荷	40	2
9	怠速	0	2
10	部分负荷	50	2
11	过载工况	120	3
12	部分负荷	30	2
13	怠速	0	3

*最大冷机加载量：在燃料电池系统从启动进入怠速运行 5 min 后，燃料电池系统能达到的最大输出功率，该功率值可由燃料电池系统试制单位制定。

（4）燃料电池系统环境温度适应性考核。

①燃料电池系统高温环境适应性。在燃料电池系统实验室，创造燃料电池系统进气温度为 45~55 ℃的工作环境，散热器放在实验室内，使燃料电池系统在标定功率工况运行 20 min。记录电池堆冷却剂进出口温度、空压机或鼓风机功耗，电池堆性能和燃料电池系统性能等。

②燃料电池系统冷启动能力。在冬季，选择室外最低环境温度在（-15±2）℃的时间，从第一天 18：00 至第二天 9：00，将带有正常量冷却剂（可以不带加湿水）的燃料电池系统（或装在车上的燃料电池系统）在室外放置 12 h 后，加注加湿水，进行 5 次启动，启动成功后停机等待 3 min 进行下次启动。记录环境温度、冷却剂温度、启动成功次数及次序等。

如果 5 次不能成功启动，则进入温度≥0 ℃的室内，停车 5 min 进行启动试验 5 次，启动成功后停机等待3 min进行下次启动。记录环境温度，冷却剂温度、进入室内的时间、启动成功次数及次序等。

（5）安全性和水平衡情况的检测。

在进行燃料电池系统常温启动性能测试、工况法性能测试和高温环境适应性考核测试之后，依次进行以下检测。

①对燃料电池系统冷却剂箱中的气相氢浓度进行测试，应小于等于0.5%。

②对燃料电池系统绝缘性进行测量，条件及方法与性能试验相同，对比差异。

③对冷却剂和加湿用的去离子水进行电导率测量，条件及方法与性能试验相同，对比差异。

④对燃料电池系统的水平衡情况进行检测，检查燃料电池系统内加湿去离子水和冷却剂的保有量是否与试验前所加注的量相等，记录短缺量。从燃料电池系统启动试验到高温适应性试验期间，如果为燃料电池系统添加去离子水或冷却剂，必须对所加的量进行称重并做记录。

（6）燃料电池系统及电池堆功率密度检测。

测量燃料电池系统、电池堆的质量和体积，根据燃料电池系统标定功率，分别计算燃料电池系统，电池堆的质量比功率和体积功率密度。

（7）燃料电池系统振动性能测试方法。

①将燃料电池系统固定在振动试验台上，上下方向与装车一致，在不工作状态下进行试验。

②振动试验机的振动波形为正弦波，加速度波形失真应不超过25%，测试传感器安装在燃料电池系统关键部件的部位，如电池堆、氢气系统管件接头等，至少6处。

③首先按照表4-3所列参数要求进行扫频振动试验，寻找燃料电池系统关键部件的共振频率。

④再按照表4-4所列参数要求进行共振试验，选择每个关键部件共振频率，分别进行1 h共振试验。

⑤燃料电池系统经振动试验后，检查燃料电池系统零部件有无损坏，紧固件有无松脱现象，有无漏气、漏水和漏电现象。

⑥试验后还应检测燃料电池系统标定工况和过载工况时的电流、电压。

⑦整理检测结果，填写测试报告，给出关键部件的共振频率，明确振动试验后的检查结果和性能测试结果。

表4-3　扫频振动试验参数要求

扫频范围/Hz	加速度/（m·s^{-2}）	扫频次数
0.5~80	2（0.5~2 Hz） 5（2~80 Hz）	6

表4-4　共振试验参数要求

振动频率/Hz	加速度/（m·s^{-2}）	试验时间/h
共振频率 （由扫频振动试验测得）	4（0.5~2 Hz） 10（2~80 Hz）	每个共振点振动1 h，选择4个共振频率，累计振动4 h

（8）燃料电池系统工况循环测试方法。

按表 4-5 中规定的燃料电池系统工况法性能测试的 13 种工况，进行 20 次循环测试。测试过程中，工况之间的过渡时间不作限定，但不能无故停机，要求各工况下的功率偏差小于 2 kW，第 1 次和第 20 次循环在标定工况和过载工况下的功率偏差小于 1 kW。

试验过程中要如实记录故障发生情况、故障停机原因及排除所用时间、保修内容及所用时间、更换的零件及损坏情况等。

每次循环都要记录各工况时的电流、电压和环境温度，标定工况每隔 10 min 记录一次数据。

考核试验报告包括：20 次燃料电池系统工况循环的性能，第 1 次循环与第 20 次循环的性能对比、故障记录表等，并附录试验记录情况。

（9）燃料电池堆可靠性考核测试方法。

按如图 4-34 所示工况对燃料电池堆进行连续 500 h 可靠性考核试验。每次循环 10 h，连续运行 50 次循环。试验过程中要如实记录故障发生情况、故障停机原因及排除所用时间；每次循环都要记录各工况时的电流、电压和环境温度，每隔 30 min 记录一次数据。

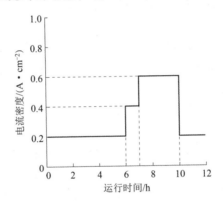

图 4-34　燃料电池堆 500 h 可靠性测试循环工况

测试报告包括第 1 次循环与第 50 次循环电池堆的性能对比，汇总故障记录，并附试验记录情况。

4.4　蓄电池组及管理系统试验方法

4.4.1　蓄电池组的试验标准

目前，国内外研制的燃料电池汽车越来越多采用了燃料电池与蓄电池组混合驱动的方案，燃料电池混合驱动系统是一个复杂的系统，与纯蓄电池电动汽车相比，组成部件更多，系统集成难度更大。蓄电池组及其管理系统作为燃料电池汽车的重要部件，在进行整车集成前必须进行严格的测试。

目前，国家对电动汽车使用的氢-镍电池和锂离子电池均有相应的国家标准和技术指导性文件，即 GB/T 31486—2015 和 GB 38031—2020。这两份文件主要是针对蓄电池单体和模块的技术标准和相关测试方法。

由于电池技术的限制，电动汽车用的蓄电池系统一般由大量的单体电池通过串并联方式组成一个高电压、大容量的蓄电池组。由于电池制造工艺和技术的影响，蓄电池组内各单体电池间存在内阻、电压、容量和温度等不一致问题，通常又称蓄电池组的一致性或均匀性问题。电动汽车用蓄电池组的性能与单体电池的性能既有联系又有区别，蓄电池组的测试方案中必须获取蓄电池组均匀性表现的参数，分析各种不一致的参数对蓄电池组性能影响的表现形式和相对重要性，为蓄电池组的选取、蓄电池管理系统设计和蓄电池本身的设计制造提供重要依据。同时，从整车集成的需求出发，蓄电池组测试需要为整车的设计、建模、仿真计算、管理系统的设计和控制策略调整提供必要的参数。因此，必须拟定适合于蓄电池组测试的测试规范。美国 USABC 和 Freedom CAR 计划的两份电池测试规范可以作为这方面工作的重要参考。

对蓄电池组及管理系统的测试应达到以下目标。

（1）检验单体电池是否达到国家标准，即单体电池应满足 GB/T 31486—2015 或 GB 38031—2020 中对外观、极性、放电容量、荷电保持与恢复能力、循环寿命、耐振动性、安全性等指标的要求。

（2）测试蓄电池单体或模块在不同温度、不同电流下的充放电特性。

（3）测试蓄电池组整体在不同温度，不同电流下的充放电特性和均匀性参数。

（4）根据燃料电池汽车的整车性能要求和仿真结果，测试实际工况下蓄电池组的工作特性和部分极限条件，如回馈制动和短时间大电流输出时的电池工作特性。

（5）进行蓄电池组模型参数辨识并验证模型仿真结果。

（6）检验蓄电池管理系统能否正常进行温度、电压和电流监测，执行热管理及 SOC 估计等功能。

以上几点基本构成了电动车辆用蓄电池组测试应该包括的内容。其中一些需要花费大量时间和在特殊设备上进行的测试项目，应委托独立的测试中心，或者由电池设计、生产单位完成。只有与整车设计和仿真密切相关的重要测试才应该由整车设计集成单位完成。

4.4.2　国内外电池测试规范介绍

1. 电动汽车用动力蓄电池电性能要求及试验方法和电动汽车用动力蓄电池安全要求国家标准化指导性技术文件

GB/T 31486—2015 主要针对单体电池的外观、尺寸、质量和室温放电容量，以及模组的外观、尺寸、质量、常温性能、高低温性能、耐振动性能、存储等方面做出相应的规定。GB/T 31486—2015 取消了针对单体电池的高低温性能、放电倍率性能、荷电保持与容量恢复能力、存储等方面的要求，增加了针对模组的常温充放电倍率性能、高低温性能、荷电保持与能量恢复能力等相关要求。

GB 38031—2020 以我国原有推荐性国家标准 GB/T 31485—2015 和 GB/T 31467.3—2015 为基础，与我国牵头制定的联合国电动汽车安全全球技术法规（UN GTR 20）全面接轨，进一步提高和优化了对电动汽车整车和动力电池产品的安全技术要求。GB 38031—2020 综合我国电动汽车产业的技术创新成果与经验总结，与国际标准法规进行了充分协调，在优化单体电池、模组安全要求的同时，将电池系统作为安全要求的主体，重点强化了电池系统热安全、机械安全、电气安全以及功能安全要求；试验项目涵盖系统热扩散、外部火烧、机械冲击、模拟碰撞、湿热循环、振动泡水、外部短路、过温保护和过充电保护等，增加了电池系统热扩散试验，要求电池包或系统在由于单体电池热失控引起热扩散，进而导致乘员舱发生危险之前 5 min 内，应提供一个热事件报警信号。

氢-镍电池的国标和锂离子电池的国标是对由少量蓄电池单体组成的模块性能的最低要求。燃料电池电动汽车对车用蓄电池组性能要求的深度和广度都高于国标。国标中对于蓄电池性能的标准测试方法可以作为燃料电池汽车用蓄电池组性能测试方法的重要参考。由于车用高功率、高能量型氢-镍电池和锂离子电池技术的不断发展，GB/T 18332.2—2001 和 GB/Z 18333.1—2001 中一些具体的参数和试验步骤可能不一定适合最新型的车用电池。

2. 美国 Freedom CAR 电池测试标准

美国 Freedom CAR 计划的一个分支机构——电化学储能小组（Electrochemical Energy Storage Team）制定了 Freedom CAR 混合动力电动汽车用辅助电池试验手册（Freedom CAR Battery test Manual for Power-assist Hybrid Electric Vehicles），目前的最新版本是 2003 年 10 月发布的版本。该电池试验手册制定了一系列方法，用于测试适用于混合动力电动汽车用的辅助电池的特性和循环寿命性能。该手册的试验对象包括单体电池、模块和整个电池系统，但是不包括电池管理系统。测试目标是确定待测对象能否满足 Freedom CAR 提出的电化学储能装置性能综合指标。这些指标中有一部分是功率密度、能量密度等特性的指标，对于单体电池、模块和电池组都可以直接应用。另一部分是总能量、总功率等指标，通常需要一定数量的单体电池进行串并联才可以达到。因此，该手册中有一个特殊的参数，电池尺寸系数（Battery Size Factor，BSF），表示对于某种特定的单体电池或模块，能满足 Freedom CAR 储能目标的最少个数。如果仅选取部分单体电池或模块进行测试，很多试验参数和指标都需要除以 BSF。

一般将 Freedom CAR 电池测试手册中的试验分为三大类：特性试验、寿命试验和性能鉴定试验。特性试验测试电池的基本性能，包括静态容量、脉冲功率特性、自放电、冷启动、热性能和效率试验。寿命试验测试在不同温度、荷电状态和其他载荷条件下电池性能随时间的变化，包括循环寿命试验和日期寿命试验。性能鉴定试验测试在寿命试验的开始、结束和不同阶段测试电池基本性能的变化。Freedom CAR 对试验环境的要求是，除非有特殊要求，试验一般在环境温度 30 ℃下进行，而且最好在温控箱中。在任何两个试验间至少间隔 60 min，以使电池达到稳定的电压和温度。所有的试验图（Test Profile）（除了脉冲功率特性试验和日期寿命试验）中要求的功率都要除以 BSF。电池制造者应该提供 BSF 的数值，如果没有提供，那么将由脉冲功率特性试验（HPPC）确定 BSF。在低电流 HPPC 试验中，能满足 Freedom CAR 储能目标中 130% 功率目标和 100% 能量目标的电池最少个数将被确定为 BSF 的值。

该测试手册中比较重要的测试如下。

（1）静态容量测试（Static Capacity Test）使用 1 C（1 h 率）电流恒流放电测试电池容量。由于适用于纯电动的比较低的放电率不适合混合动力电动汽车上电池的使用环境，因此，用 1 C 电流作为各种试验的标准电流。这与传统的电池测试规范和国内的两个标准均不一致。

（2）混合脉冲功率特性试验（Hybrid Pulse Power Characterization Test）用于确定电池

在可用负荷和电压范围内的动态功率容量。首要目标是建立以下两个量与放电深度（Depth Of Discharge，DOD）的函数关系。

①最大放电功率在不同的 DOD 下，用一个 10 s 长的放电脉冲可将电池放至最低放电允许电压时的放电功率。

②最大充电功率在不同的 DOD 下，用一个 10 s 长的充电脉冲可将电池充至最高充电允许电压时的充电功率。

混合脉冲功率特性试验的次要目标是通过对试验中电压变化曲线的研究，确定电池在充电、静置和放电过程中的电压响应时间常数，从而确定电池欧姆内阻和极化内阻与 SOC 的函数关系。

（3）自放电试验测试由于电池静置一段时间以后的容量损失。

（4）冷启动试验测试电池在低温下（一般为-30 ℃）的 2 s 功率性能。

（5）热性能试验通过在 Freedom CAR 工作温度范围目标（-30~52 ℃）内选择不同温度进行试验，包括静态容量试验、低电流 HPPC 试验或冷启动试验，测试环境温度对电池性能的影响。

（6）能量效率试验测试电池在不同 SOC 下的充放电能量效率。

Freedom CAR 的测试手册还包括循环寿命试验、时间寿命试验、鉴定性能试验、阻抗频谱试验和热管理载荷试验的试验方法。

该手册不但给出了对电池的性能指标要求、试验方法，还给出了详细的数据分析办法和电池试验大纲，对于拟定适合于燃料电池汽车的电池组测试方法有很重要的参考意义。但是，该手册的试验目的是检测电池能否达到 Freedom CAR 提出的电化学装置的性能指标，所有的试验都是围绕检测达标来设计的，与整车设计单位的电池组检测和试验目的并不完全一致，对于其中的试验方案不能盲目照搬。

3. 美国 USABC 电池测试标准

USABC 电池测试方法手册是由美国先进电池联盟和能源部国家实验室的职员组成的小组制定的，它是基于阿贡（Argonne）国家实验室、爱达荷（Idaho）国家工程与环境实验室（Idaho National Engineering and Environmental Laboratory，INEEL）和 Sandia 国家实验室的经验和方法制定的。该手册总结了由美国先进电池联合体发起的蓄电池试验方法的信息，主要用来测试与 USABC 中期和远期蓄电池要求相关的特定的电池性能特性。在该手册中，一般意义的蓄电池是指满荷电状态的蓄电池组、蓄电池模块和蓄电池单体。

图 4-35 展示了 USABC 蓄电池试验流程。整个流程由下述的几个通用步骤组成：①蓄电池或试验设备的验收，详细试验计划的制订；②按照制造商的建议试运行试验；③电气性能试验，包括一组强制性的主要试验和可选的通用的或特定的试验；或者进行寿命循环试验；或者进行典型的安全/破坏试验；④试验后分析。

试验流程图中包括以下比较重要的测试。

（1）恒流放电试验，判定在可重复的、标准的条件下，被测对象的有效容量。用一系列不同的电流进行试验，简单说明放电率对容量的影响。其中最重要的是采用 3 h 率（电流为 1/3C3）试验，这与 Freedom CAR 的测试手册的要求不一致，Freedom CAR 是以 1 h 率（电流为 1 C）作为标准。

（2）恒功率放电试验，进行一系列的恒功率放电/充电试验循环，以确定作为放电深度的函数的电压和功率的关系。该试验与电动汽车等速行驶对电池的要求相似。

（3）变功率放电试验，该试验是为了测试电动车的行驶特性对电池寿命和性能的影响（包括回馈制动）。使用的变功率放电方法包括比较苛刻的基于标准联邦城市行驶工况（FUDS）的 FUDS 方法和进行部分近似和简化的 DST 方法。

（4）特殊性能试验，包括部分放电、静置（自放电）、持续爬坡、温度特性、振动、充电优化等试验。

USABC 测试手册与 Freedom CAR 测试手册都是在电池测试领域极为重要的参考文献，都给出了详细的测试标准、过程、数据处理方法、试验大纲等。

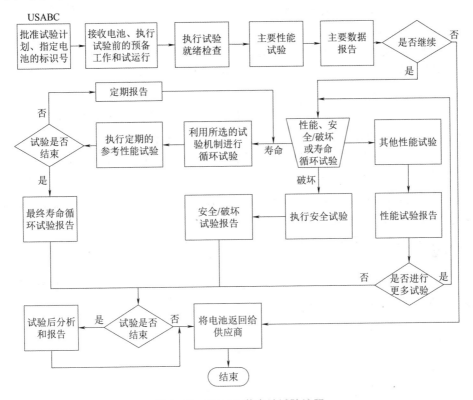

图 4-35　USABC 蓄电池试验流程

4.4.3　电池组试验方法

综合考虑国家"863"电动汽车重大专项中对车用动力电池及管理系统的性能要求，参考国内外电池检验和测试规范，本书编者所在科研组制定的电池组试验规范主要包括以下内容。

（1）单体电池基本性能的测量，测量单体电池的外观、极性、放电容量、荷电保持与恢复能力、循环寿命、耐振动性、安全性等指标。这部分指标包括国标规定的电池应该满足的最基本性能和应测量的最基本电池参数。只有单体电池的基本性能和基本参数达标，电池组的性能才有可能达标。这一部分测试包括的参数比较简单，测量中需要一些特殊的测试设备和仪器，一般应由相关的国家检测中心进行。

单体电池基本
性能的测量

（2）电池组放电终止标准的确定，由于氢-镍电池和锂离子电池在放电末期都有电压显著下降的现象，而且电池模块过放电会引起模块性能不可逆的衰退，从而引起整个电池组性能的下降。因此，对于氢-镍电池组和锂离子电池组，判断 SOC = 0，即放电终止的条件均为组内任何一个单体电池（或模块）的电压低于放电终止电压（氢-镍单体电池为 1.0 V，锂离子电池单体为 2.8 V）。

电池组充放电
终止测试

（3）电池组基本充电终止标准的确定，由于氢-镍电池恒流充电末期有可能出现电池电压下降，一般应记录电池组累计充入电量，当累计充入电量达到电池组额定容量（考虑充电效率）时，即判定电池组 SOC = 1，充电终止。对于锂离子电池组，一般用电池组内任何一个单体电池达到充电终止电压 4.2 V 作为电池组充电终止条件。

（4）电池组容量测试，由于电池组均匀性的影响，电池组容量一般低于组成电池组的模块或单体电池的容量。对整个电池组应该至少进行 3 h 率和 1 h 率容量测试，获取电池组实际容量。

（5）温度特性测试，由于电池组均匀性的影响和组内各模块通风条件的不同，在电池组工作过程中各模块的温度变化各不相同。对车用电池组应采取与车载使用时相同的通风散热条件，在容量试验和仿真工况试验中记录每个模块的温度变化，获取电池组充放电温度变化规律和初步的温度场分布状况。

（6）电压均匀性测试，电池组内的电压、内阻和容量的均匀性在使用过程中主要体现为模块电压的不一致。对电池组进行仿真工况试验，可以获取不同 SOC 下，电池组稳定工作和变电流过渡过程中电压均匀性的表现和变化，为电池组建模和性能仿真提供必要的参数。

（7）管理系统测试，检验电池管理系统是否能够准确测量电池电压、电流、温度，估计电池组 SOC，并和整车管理系统进行通信。

4.5　超级电容试验

4.5.1　试验目的与试验规范

除了研究超级电容特性，建立超级电容动态模型外，探索适合电动车辆用超级电容的试验研究方法，建立超级电容性能检测试验规范也是燃料电池电动汽车研究的一个重要内容。研究型试验规范和检测型试验规范并不完全相同。前者以试验对象的物理化学模型为基础制定，以研究试验对象特性、识别特性参数为目的。而制定检测型试验规范的主要目的在于以下几点。

（1）制定一种可执行的检测电动车用超级电容性能的专用试验规范。

（2）制定一种可以评估不同超级电容技术及使用布置方案先进性的评价方法。

（3）检测超级电容技术上的不足和缺陷，指明未来的研究发展方向。

（4）对超级电容的试验方法和试验报告格式进行规范化，以利于不同产品的比较。

国外很多公司和实验室都在开展超级电容试验规范的研究。美国先进电池联盟和美国能源部在共同制定的 USABC 电池试验手册（1994 年 10 月版）中给出了一部比较完整的车用超级电容试验规范。其中，以大电流直流充放电试验为主，包括恒流充放电试验、恒功率充放电试验等。而使用 PFUDS 循环工况来测试超级电容在实车环境中的表现是其特点之一。目前大多数超级电容试验规范都是根据 USABC 给出的试验规范修订而成的。

在美国能源部支持的 Freedom CAR 项目（前身为 PNGV 项目）中，爱达荷国家工程和环境实验室负责检测各大公司送检的超级电容。他们在试验中借鉴了 PNGV 电池试验手册，根据其相关条目和试验方法对超级电容开展试验工作，其中使用 L-HPPC 试验方法来检测超级电容对于车辆工况要求的满足程度。

4.5.2 超级电容试验内容

1. 超级电容容量试验

在超级电容容量试验中选择一系列电流使超级电容从可用最低电压 V_{min} 到可用最高电压 V_{max} 范围内恒流充放电，充放电完成后保持末电压一段时间（10 s），以建立稳定电压，如图 4-36 所示。在每个电流等级充放电时进行 5 个以上循环，取后 3 个循环计算平均值、电容量、能量密度和充放电效率。

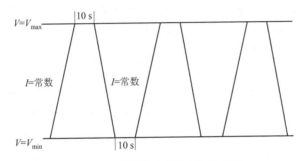

图 4-36　超级电容恒流充放电试验

2. 等效串联内阻 R_{ESR} 的试验

通过测量充放电试验中的电压突变来计算 R_{ESR}，试验数据取自上述恒流充放电循环试验。0 V 的读取应该选取 10 s 稳定期末端和充放电开始后 0.1 s 以内的电压突变值，如图 4-37 所示。

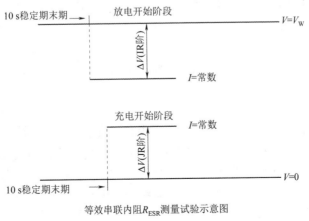

等效串联内阻 R_{ESR} 测量试验示意图

图 4-37　等效串联内阻 R_{ESR} 测量试验示意

3. 恒功率试验

恒功率试验的目的是测试电容在不同放电功率等级下的放电性质。通过控制放电功率，控制超级电容的功率密度为 50~500 W/kg，控制放电电压为 $0.5V_x \sim V_{max}$。保持电压稳定 10 s，然后恒功率放电，到 $0.5V_{max}$，保持电压稳定 10 s。每个功率试验进行 3 个充放循环。

选定 50 W/kg，100 W/kg，150 W/kg，200 W/kg，250 W/kg，300 W/kg，350 W/kg，400 W/kg，450 W/kg，500 W/kg，进行恒功率试验。

4. 循环工况试验

循环工况试验的目的是以功率循环来模拟实际负载情况，检验电容在实际使用过程中的性能。循环工况的设计是根据实车运行过程对于储能系统的要求而制定的。USABC 测试手册中给出了一个参考循环工况 PSFUDS，这是根据美国 FUDS 城市道路工况设计的。

5. 漏电试验

漏电试验的目的是测定电容在静态下的自衰减率。漏电电流 I_L 在保持工作电压 V_{max} 恒定时必然出现，这是由于并联电阻 R_p 的存在而造成的。测量漏电电流需要持续一段时间，一般在 3 h 以上。电容充电到工作电压 V_{max} 并保持恒定 3 h。第 1 h 每隔 1 min 测取漏电电流 1 次，之后 2 h 每隔 5 min 测取 1 次，电压保持在 $V_{max} \pm 0.01$ V。记录 3 h 中的漏电电流-时间曲线。分别计算 0.5 h，1.0 h，2.0 h，3.0 h 处的 R_p 值。

6. 自放电试验

自放电试验的目的是测量电容充电达到工作电压 V_{max} 后的自放电幅度。通过测量充电后电容在开路状态下的电压降来测取电容自衰减的程度。电容充电到 V_{max}，保持（30±1）min。然后断开，成开路状态。测量电容在 72 h 内电压的变化。前 3 h 内每隔 1 min 测取 1 次电压变化，剩余部分每 10 min 测取 1 次。

7. 循环寿命试验

循环寿命试验通过测量电容性能随循环次数增加而发生的变化，测试电容的性能稳定性。使用恒流充放电做循环试验，记录电容失效前的循环次数。在（25±3）℃情况下使电容达到热平衡。

在循环寿命试验之前首先进行电容性能试验，然后在经过（1 000±25）次，（4 000±100）次，（10 000±250）次，（40 000±1 000）次，（100 000±2 500）次，（150 000±2 500）次，（200 000±2 500）次循环后，分别进行电容性能试验，计算电容性能变化，记录电容失效时的循环次数。

性能试验包括恒流充放电试验、漏电试验和恒功率放电试验，记录试验中的各项性能指标，当电容量降低 20% 时，认为试验结束。

8. 温度特性试验

由于温度对电容储存能量及充放电功率等都有影响，因此，本试验的目的在于测量电容在温度变化时的性能变化。通常在 3 个不同温度等级［（25±3）℃、（45±3）℃ 和（−25±3）℃］下进行电容性能试验。性能试验主要包括恒流充放电试验、等效串联内阻测定试验、漏电试验、恒功率放电试验、循环工况试验。在试验过程中，同时观察电容在温度变化下是否有外在损伤。

如图 4-38 所示为超级电容试验内容及试验流程。

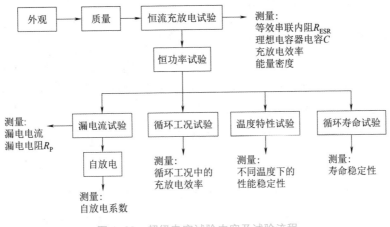

图 4-38 超级电容试验内容及试验流程

4.5.3 超级电容试验设备

超级电容试验所需试验设备基本要求与电池试验设备相近，可以进行恒流、恒压、恒功率试验，以及可编程的循环工况试验等项目，但因超级电容的一些自身特性，对超级电容试验设备的性能要求更高，主要体现在以下几点。

（1）在电动车辆驱动系统中，超级电容的主要应用场合是大功率脉冲充放电工作，因此，试验台应该具有足够大的容量，可以进行大电流、高功率充放电试验。

（2）超级电容的动态过渡过程非常短暂，为了能够更好地研究超级电容的动态过程，对数据采集设备的采样频率要求比较高，采样时间间隔最好能小于 10 ms。这就使记录一个完整工况所需记录的数据量比较大，因此，要求有足够的数据记录容量。

（3）尽管研究以超级电容的直流特性为主，但其交流性能也是其特性的一个重要方面，因此，试验台应该可以进行频率范围比较宽广的交流试验，频率范围一般应该在 0.01~5 kHz。在这个频率范围内，试验台给出的电压信号应小于每单体电池 0.02 V。

（4）对于超级电容组的试验台，除了以上要求外，还应该具有多通道数据采集设备，可以同时监测所有受测模块的电压、电流及温度等状态信息。

4.6 驱动电机及控制器试验

4.6.1 驱动电机及控制器试验目的

电动汽车用驱动电机及控制器的工作条件恶劣，工作负荷与转速变化范围大，且变化剧烈，空间受到很大限制。对电机及控制器的比功率和性能要求严格，对安全性和可靠性要求高。同时，实现电机及其控制器的最佳匹配与整合，并将两者作为一个系统来考核、检验和评价。电机及其控制器除了遵守和满足现有的相关标准和法规外，还应提出相关的试验技术规范，以便科学、准确、全面地对电动汽车电机及其控制器进行评价和性能对比。

我国已经于 2024 年实施国家标准 GB/T 18488—2024《电动汽车用驱动电机》，该标

准规定了驱动电机及其控制器通用技术条件。

4.6.2　驱动电机及控制器试验分类

试验主要分为型式试验、常规试验与研究性试验三类，对于新设计的电机及其控制器，必须进行型式试验与常规试验，这些试验属强制性试验。强制性试验分两阶段进行，首先进行型式试验的性能试验部分，在性能满足要求的前提下，再进行型式试验的其余部分和常规试验。研究性试验是获得进行深入研究所需要的补充性资料，为非强制性试验。

4.6.3　型式试验

型式试验的结果是新产品验收和型式认证的主要依据。进行型式试验的新产品必须抽试 1~2（台）套样品，如有项目不合格，该项目复试样品数量加倍，重检仍不合格，则判定为不合格。对于新设计研制的电机及其控制器，检验内容由设计任务书或合同条款确定，对于定型新产品，检验内容由产品标准或相关规定确定。

1. 环境试验

（1）温度、湿度和热态绝缘电阻试验。

①将电机及其控制器放在环境温度为 +40 ℃、相对湿度为 95% 条件的湿热试验室（箱）内进行湿热试验，试验时间为 48 h。湿热试验后，立即测量电机及其控制器的绝缘电阻值。热绝缘电阻试验按照国标 GB/T 12665—2017 规定的方法进行。

②将电机及其控制器放在低温箱内，使箱内温度下降至 -20 ℃，至少保持 30 min，在低温箱内通电后，检查电机能否正常运行 4 h。

（2）定频振动和扫频振动。

①定频振动。将电机及其控制器固定在振动台上，定频振动频率为 67 Hz，振动加速度为 110 m/s²，试验时间：上下方向振动为 4 h、左右方向为 2 h、前后方向为 2 h。振动后不会有机械损伤、变形和紧固部位的松脱现象，通电后能正常工作。

②扫频振动。进行上下方向的扫频振动试验，频率范围为 25~60 Hz 时，振动的位移幅值为 0.78 mm，扫频一次时间为 15 min，扫频次数为 14 次；60~200 Hz 时，振动加速度为 110 m/s²，扫频一次为 15 min，扫频次数为 14 次。试验后不会有机械上的损坏、变形和紧固部分的松动现象，通电后能正常工作。

（3）盐雾试验。

按照 GB/T 2423.17—2008 规定的试验方法进行盐雾试验。电机及其控制器在试验箱内处于正常安装状态，试验持续时间为 16 h。试验结束后，用蒸馏水洗清表面盐沉积物，水温低于 35 ℃，然后在标准的大气条件下恢复 1~2 h，通电后能正常工作。

2. 温升试验

温升试验是电机及其控制器在额定运转条件下测得，可与电机及其控制器的连续额定特性试验、短时过载特性试验同时进行。为了缩短达到稳定温度的时间，可在起始试验阶段增加负载或减少电机的冷却强度。额定条件下运转至少 2 h，试验最后 1 h 内定子铁芯温度变化小于 2 K 即可认为已达到稳定的温度。

在电机及其控制器试验时应带有与实际使用条件相同的通风冷却设施，影响电机及其控制器温升的所有部件都应装备齐全，试验装置应尽量与车辆实际行驶条件等效。

在温升试验中，主要测量电机及控制器部件的温度和冷却介质（空气或液体）的温度，主要采用温度计法和电阻法等方法。

根据国标 GB/T 11021—2014 中规定的各种绝缘等级，核查试验最高温度是否在规定的温度最高限值内。

3. 特性曲线试验

（1）电机连续额定输出功率特性试验。

在额定电压和额定负载下，与车辆上等同的冷却条件下进行试验。当电机及其控制器发热部件 1 h 内温度变化不超过 2 K 时电机达到热平衡，开始进行电机连续额定输出功率特性试验。测量控制器的输入电压 E、输入电流 I、电机的输出转矩 M 和转速 N。

电机连续额定
输出功率
特性试验

按照温升试验的规定，检查控制器及电机各部分的温度是否在允许的限值内。在测试电机转速小于额定转速的恒转矩特性和大于额定转速的恒功率特性时，整个转矩–转速特性曲线上的测量点应在 10 点以上。

（2）高效区特性试验。

在与电机连续额定特性试验相同条件下，确定在电机及其控制器的整体效率 $\eta \geq 0.85$ 的效率特性范围内，或者在 $\eta = 0.75 \sim 0.95$ 范围内，不同负载条件下的转矩与转速特性区，不少于 5 条特性曲线。

额定功率、
峰值功率测试

（3）短时过载特性试验。

对于规定的最大过载转矩及其对应的转速与持续时间、最大过载功率及其转速与持续时间，应经过至少 2 次试验加以验证。

4. 最高工作转速和超速试验

（1）最高工作转速试验。

在额定电压下，测试电机带负载运转所能达到的最高转速。最高工作转速持续时间不少于 3 min。

电机最高工作
转速及超速
试验

（2）超速试验。

电机在热状态下，能承受 1.2 倍最高工作转速试验，持续时间为 2 min，并能保证机械部件不发生有害变形。

5. 馈电试验

馈电试验的方法有 3 种，试验时可任选其中一种方法。

（1）在电动车辆上试验。

当电机转速达到额定转速时，让电机作为发电机状态运行，测量馈电试验开始时的车速 V_1 和馈电结束时的车速 V_2，记录馈电试验开始时刻 t_1 和馈电结束时刻 t_2，同时测量馈电过程中电源两端的电压 U、输入电源的电流 I。

（2）惯性飞轮试验。

在电机输出轴上装上惯性飞轮，当电机转速达到额定转速时，惯性飞轮的角速度为 w_i，开始馈电。馈电试验结束时，惯性飞轮的角速度为 w，记录馈电试验开始时刻 t_1 和馈电结束时刻 t_2，同时测量馈电过程中电源两端的电压 U、输入电源的电流 I。

（3）发电试验。

电机由原电动机拖动，控制器接入 125% 额定电压值的电源，在不同的转速下进行发

电试验。

6. 接触电流试验

应在电机及其控制器温升试验后测量接触电流，试验时电机控制器的输入电压和电机电压皆为额定电压的125%，接触电流应在控制器或电机上触及的金属部分与地之间测量。

7. 防水防尘试验

按照GB/T 43254—2023中的方法进行防水防尘试验。

8. 电磁兼容性试验

（1）辐射干扰试验。按照GB 14023—2022中辐射干扰的测试方法进行试验。

（2）电磁抗干扰试验。按照GB/T 17619—1998中规定的测量方法和抗干扰性电平要求进行试验。

9. 耐久性试验

电机及其控制器在额定电压、额定转速和额定负载转矩的条件下进行耐久性试验，首次无故障工作时间应不小于3 000 h。

4.6.4 常规试验

常规试验是用来检验每一台正确安装的电机及其控制器能否承受规定的耐电压试验，并在机械和电气方面处于良好的工作状态。其试验项目和试验方法按照国家标准GB/T 18488.1—2015《电动汽车用驱动电机系统 第1部分：技术条件》中相应的规定进行。

目前，从全球范围看，燃料电池汽车技术尚处于研究开发、试验示范阶段，许多技术包括整车及其关键零部件的试验方法和标准在内还不成熟。以上介绍的试验方法和标准是编者及其所在的科研团队多年从事电动汽车及燃料电池汽车研究开发工作的经验总结，以及与国内外同行交流和学习的所得。随着燃料电池汽车技术的不断发展和进步，燃料电池汽车从研究开发与试验示范逐步走向产业化，更加完善和齐全的试验方法和标准将会出现。

任务实施

（1）作业前的准备。

①进行作业环境检查。

在进行燃料电池动力系统测试时，为确保人身和财产安全，在进行作业前，请检查作业场地条件，并填写表4-5，以保证作业的安全与规范。

表4-5 作业前检查表

序号	检查项目与内容	检查结果
1	点火开关是否关闭	
2	蓄电池负极是否断开	
3	是否拆卸完成车辆高压维修开关	
4	作业场地是否设置明显的高电压部件警示标识	

②记录燃料电池基本信息，填写表4-6。

表4-6　燃料电池基本信息记录表

项目	技术参数
电池型号	
电池类型	
外形参数（长×宽×高）	
质量	
电容量	
电池充电特性	
冷却方式	
工作温度	
出场日期	

（2）燃料电池动力系统测试。

进行燃料电池动力系统测试，并填写表4-7。

表4-7　燃料电池动力系统测试记录表

测试项目	测试结果	处理意见
最大功率		
额定功率		
气密性		
循环寿命		
耐压试验		
绝缘强度试验		

（3）回收工量具、清洁场地，完成收尾工作。

拓展知识

收集不同类型燃料电池的异同点。

思考与练习

（1）燃料电池的主要性能指标有哪些？

（2）燃料电池包绝缘阻值是多少？

实训工单

实训参考题目	氢燃料电池系统的检测		
实训实际题目	由指导教师根据实际条件和分组情况，给出具体实训题目，包括实训车型、具体实训项目、实训内容等。检测项目以场地、工具设备进行布置、检测工具设备及高压安全防护用具使用、检测流程及注意事项为主，根据分组情况可以分配不同的部件进行检测		
组长		组员	
实训地点		学时	日期
实训目标	（1）能够对燃料电池系统检测前的场地、工具设备进行布置。 （2）能娴熟使用燃料电池系统检测工具设备及高压安全防护。 （3）具备在工作现场对燃料电池系统检测的能力。 （4）能合作完成燃料电池常用的检测项目		

一、接受实训任务

　　一套燃料电池系统在装车前，需要对其综合性能进行检查，现在实训场地有一套燃料电池系统，结合相关标准，使用检测仪器对该燃料电池进行性能检测

二、实训任务准备（以下内容由实训学生填写）

（1）实训设备名称：_____。

（2）实训设备参数登记。

　　铭牌：_____　功率：_____

（3）实训设备检查。

　　有无刮痕痕迹：□无　□有；有无碰撞损伤：□能　□否

　　能否正常使用：□能　□否；有无其他缺陷：□无　□有

（4）实训检测项目：_____。

（5）实训维护项目：_____。

（6）实训检测与维护资料是否完整：□完整　□不完整（原因：_____）

（7）对氢燃料电池汽车的基础知识是否熟悉：□熟悉　□不熟悉

（8）本次实训所需要的安全防护用品准备情况：□齐全　□不齐全（原因：_____）

（9）本次实训所需要的专用仪器设备准备情况：□齐全　□不齐全（原因：_____）

（10）本次实训所需时长约：_____。

（11）实训完是否需要检验：□需要　□不需要

（12）其他准备：_____

三、制订实训计划（以下内容由实训学生填写，指导教师审核）

（1）根据本次燃料电池系统检测实训任务，完成物料的准备

完成本次实训需要的所有物料			
序号	物料种类	物料名称范例	实际物料名称
1	实训车辆	氢燃料电池系统	

序号	物料种类	物料名称范例	实际物料名称
2	安全防护用品	护目镜	
		手套	
		安全帽	
		二氧化碳/干粉灭火器	
3	专用仪器设备	绝缘测试仪	
		电导率检测仪	
		氢浓度检测仪	
		加氢设备、氢瓶	
		专用多功能万用表	
		RDU 诊断工具	
		专用拆装工具	
4	资料	车辆维护手册	

（2）根据检测规范及要求，制定相关操作流程

检测项目及操作流程

序号	作业项目	操作要点

（3）根据实训计划，完成小组成员任务分工

操作员（1人）		质量管理员（1人）	
协作员（若干人）		记录员（1人）	

操作员负责检测具体实训内容的操作，质量管理员负责检测具体实训内容结果的验收，协作员负责协助操作员完成检测具体实训内容的操作，记录员做好检测具体实训内容的记录

（4）指导教师对制订实训计划的审核

审核意见：

签字：　　　　　　　　　　年　　月　　日

四、实训计划实施

（1）从进入实训场地开始，到实训结束，完整记录实训过程的详细实施步骤、实施内容和实施结果。例如：实施步骤1，实施内容是准备好作业设备，实施结果是把实训设备放置在正确位置；实施步骤2，实施内容是做好个人防护，实施结果是做好安全防护、正确佩戴防护用具

实施步骤	实施内容	实施结果

（2）实训结论

检测项目	维护工具	结果	备注

五、实训小组讨论

讨论1：氢燃料电池系统检测一般包括哪几项？

_____

_____

_____

_____

讨论2：在进行氢燃料电池系统检测时的安全措施有哪些？

_____

_____

_____

_____

_____

讨论3：氢燃料电池系统常见检测项目操作流程有哪些?

_____

_____

_____

_____

_____

_____

讨论4：检测完成后如何撰写检测报告?

_____

_____

_____

_____

_____

讨论5：如果氢燃料电池系统短路，你是如何处理并实施的?

_____

_____

_____

_____

_____

_____

_____

六、实训质量检查

请实训指导教师检查本组实训结果，并针对实训过程中出现的问题提出改进措施及建议

序号	评价标准	评价结果
1	实训任务是否完成	
2	实训操作是否规范	
3	实施记录是否完整	
4	实训结论是否正确	
5	实训小组讨论是否充分	
综合评价	□优　□良　□中　□及格　□不及格	

问题与建议	问题:
	建议:

实训成绩单

项目	评分标准	分值	得分
接受实训任务	明确任务内容，理解任务在实际工作中的重要性	5	
实训任务准备	实训任务准备完整	10	
	掌握氢燃料电池汽车的基础知识	5	
	能够正确识别氢燃料电池汽车的关键部件	5	
制订实训计划	物料准备齐全	5	
	操作流程合理	5	
	人员分工明确	5	
实训计划实施	实训计划实施步骤合理，记录详细	15	
	实施过程规范，没有出现错误	15	
	能够对实训得出正确结论	10	
实训小组讨论	实训小组讨论热烈	5	
	实训总结客观	5	
质量检测	学生实训任务完成、实训过程规范、实施记录完整、结论正确	10	
实训考核成绩		100	

七、理论考核试题	成绩：

（一）名称解释（每题 5 分，共 20 分）
（1）氢燃料电池系统的稳态特性。

续表

（2）燃料电池系统的动态特性。

（3）标定工况。

（4）电堆效率。

（二）简答题（每题 5 分，共 80 分）
（1）影响燃料电池性能的主要工作参数有哪些？

（2）燃料电池试验的主要内容有哪些？

（3）请简述电池组试验方法。

_____

_____

_____

_____

（4）请简述超级电容试验流程。

_____

_____

_____

_____

（5）请简述恒流放电试验的内容。

_____

_____

_____

_____

（6）请简述恒功率放电试验的内容。

_____

_____

_____

_____

（7）请简述变功率放电试验的内容。

_____

_____

_____

_____

（8）请简述特殊性能试验的内容。

_____

_____

_____

_____

（9）请简述单体电池基本性能测试的内容。

_____

_____

_____

_____

_____

（10）请简述电池组容量测试的内容。

_____

_____

_____

_____

_____

（11）请简述温度特性测试的内容。

_____

_____

_____

_____

_____

（12）请简述电压均匀性测试的内容。

_____

_____

_____

_____

_____

（13）请简述电池组容量测试的内容。

_____

_____

_____

_____

_____

（14）请阐述驱动电机及控制器试验的项目有哪些？

_____

_____

_____

_____

_____

（15）请阐述驱动电机最高工作转速和超速试验的内容。

_____

_____

_____

_____

_____

_____

（16）请回答驱动电机绝缘性能测试的操作流程是什么？

_____

_____

_____

_____

_____

_____

实训考核成绩		理论考核成绩	
综合考核成绩		指导教师签字	

项目五

汽车氢燃料电池维护

项目概述

　　维护的目的是保证车辆始终处于良好的性能状态。有规律地进行车辆定期维护有助于尽早发现故障、排除故障隐患，从而延长车辆使用寿命、保证行车安全、减少有关行车费用。本项目的内容适用于从事氢能源汽车生产、氢能源汽车运营、氢能源汽车维修维护和改造等相关职业岗位的工程师、设计人员、技术员等工作人员进行学习培训，培养其运用氢能源汽车检测维修所需工具设备或材料，具备在工作现场对车载氢燃料电池系统进行现场日常维护、故障诊断和维修的能力。

任务一　汽车氢燃料电池维护

任务目标

知识目标	能力目标	素质目标
（1）掌握车载氢燃料电池系统首次维护、日常维护、一级维护、二级维护的周期和特殊维护的作业内容及技术要求。 （2）掌握安全作业的注意事项及操作要点。 （3）掌握附件维护的流程及各部件保养周期要求。 （4）掌握常见车载氢燃料电池系统故障诊断及排除方法。 （5）掌握车辆应急处理流程及车辆防火注意事项	（1）能够对氢能源汽车维护前的场地、工具设备进行布置。 （2）能娴熟使用氢能源汽车维修工具设备及高压安全防护。 （3）能独立完成对飞驰 FSQ 6860 系列城市客车的氢燃料电池系统维护。 （4）能够进行空压机泵头和空压机皮带检查。 （5）能够独立进行空气滤清器检查和更换。 （6）能够对电堆冷却液导电性进行检查。 （7）能够更换冷却液，并检查补充。 （8）能够校验氢气传感器和进行加氢作业。 （9）能够对车辆进行充电作业。 （10）能够对车辆起火正确进行应急处理	（1）具备在工作现场对车载氢燃料电池系统进行现场日常维护、故障诊断和维修的能力。 （2）具有获取新知识、新技能的意识和能力，能适应不断变化的社会职业。 （3）具有安全生产意识，重视环境保护，着力培养精益求精的工匠精神

任务分析

　　本任务主要目的是培养学生对车载氢燃料电池系统日常维护有一定的了解，掌握常见的维护及故障项目的处理方法。能独立完成实施项目的正确规范操作，以掌握相关职业和岗位技能。

任务工单

1. 学生分组					
班级		组号		授课教师	
组长		组员			

2. 任务

（1）通过本任务的学习和老师的讲解，画出车载氢燃料电池系统的结构示意图

（2）查询资料和网站，列出车载氢燃料电池系统日常维护的项目

3. 合作探究

（1）小组讨论，教师参与，确定任务（1）和（2）的最优答案，并检讨自己存在的不足

（2）每组推荐一个汇报人，进行汇报。根据汇报情况，再次检讨自己的不足

4. 评价反馈			
（1）自我评价			
评价指标	评价内容	分数/分	分数评定
信息收集能力	能有效利用网络、图书资源查找有用的相关信息等；能将查到的信息有效地传递到学习中	10	
感知课堂生活	能在学习中获得满足感，课堂生活的认同感	10	
参与态度，沟通能力	积极主动与教师、同学交流，相互尊重、理解、平等；与教师、同学之间是否能够保持多向、丰富、适宜的信息交流	15	
	能处理好合作学习和独立思考的关系，做到有效学习；能提出有意义的问题或能发表个人见解	15	
对本项目的认识	了解本项目主要培养的知识与能力，对将来工作的支撑作用	15	
辩证思维能力	能发现问题、提出问题、分析问题、解决问题、创新问题	10	
自我反思	按时保质地完成任务；较好地掌握知识点；具有较为全面、严谨的思维能力，并能条理清楚、明晰地表达成文	25	
自评分数		100	
（2）组间互评			
汇报表述	表述准确	15	
	语言流畅	10	
	准确反映该组完成任务情况	15	
内容正确度	所表述的内容正确	30	
	阐述表达到位	30	
互评分数		100	
（3）任务完成情况评价			
任务完成评价	能正确表述该项目的定位，缺一处扣1分	20	
	描述完成给定任务应具备的知识、能力储备分析，缺一处扣1分	20	
	描述完成任务的全面资料收集，缺一处扣1分	20	
	汇报时描述准确，语言表达流畅	20	
综合素质	自主研学、团队合作	10	
	课堂纪律	10	
教师评价分数		100	
总体评价分数			

知识链接

5.1 车载氢燃料电池系统日常维护

车载氢燃料电池系统维护一般包括首次维护、日常维护、一级维护、二级维护的周期和特殊维护作业内容及技术要求，请按表5-1所列内容执行。

表5-1 维护周期①的定义

维护级别 \ 年运行里程		小于 20 000 km	大于 20 000 km、小于 60 000 km	大于 60 000 km
首次维护		新车首次行驶 5 000 km 或 3 个月时		
日常维护		出车前、行车中、收车后		
一级维护		每间隔 5 000 km 或 3 个月	每间隔 12 000 km 或 2 个月	每间隔 12 000 km
二级维护	1	每间隔 10 000 km 或 6 个月	每间隔 24 000 km 或 4 个月	每间隔 24 000 km
	2	每间隔 20 000 km 或 12 个月	每间隔 48 000 km 或 8 个月	每间隔 48 000 km
特殊维护		96 000 km 或年度执行		

注：①维护周期（时间和里程先到为准）

5.1.1 首次维护

首次维护是获得质量保修的必要和前提条件。车辆只有经过磨合后才能转入正常使用，动力才能达到最大值，过早大负荷使用会造成电动机等初期过量磨损，首次维护项目及相关要求请按表5-2所列内容执行。

表5-2 首次维护项目及相关要求

项目	序号	作业内容	技术要求
氢系统	1	检查空压机泵头	泵头无堵塞，出口接头、泵头叶片有油，如果无油则重新装配好
	2	检查空压机皮带	皮带无破损，松紧度合适
	3	氢燃料电池悬置支架	检查紧固螺栓按固定力矩紧固，支架无变形、无裂纹
	4	氢燃料电池悬置	胶垫无破损、脱离，变形量不超过原来的1/3
	5	检漏	用检漏液检查氢气有无泄漏
	6	氢浓度	用氢浓度检测仪检测氢气浓度在可控范围
	7	冷却管路	水管无破损、管路无泄漏
	8	空压机电机	电机运转无异响，高低压电源连接可靠，电机表面无积尘

续表

项目	序号	作业内容	技术要求
电系统	9	整车控制器、驱动电机控制器	各部件安装牢靠，接插件插接良好；控制器、绝缘子表面清洁；各部件连接线牢靠，无松动、无过热、无变色、护套无变形；驱动电机控制器表面清洁，驱动电机控制器支架螺栓牢固无松动；电机控制器控制功能正常、指示灯功能正常、通信功能在仪表上显示正常；热风机运转正常，无异响，风机滤尘网罩清洁
	10	各类开关及熔断器	各部件接插件接触良好；开关断、合动作灵活，无卡滞现象；表面清洁无积灰，接线螺母紧固
	11	电源变换器（DC/AC、DC/DC）	各部件安装牢靠；电源变换器表面清洁；各部件连接线牢靠，无松动、过热、变形和变色现象；变换器控制、报警功能、通信和显示正常；散热风机运转正常，无异响，风机滤尘网罩清洁
	12	动力蓄电池内、外箱及电池托架	各紧固件螺栓、螺母无松动，正负极柱处的绝缘套完好，箱体正负极柱的紧固螺栓拧紧，力矩为30 N·m；电池内箱、外箱及电池托架完好，无损坏、裂缝、变形、腐蚀等；清洁电池内箱、外箱及两侧通风散热孔，无积尘、积水、杂物；电池托架与车身连接处螺栓拧紧，力矩为90 N·m；四、六芯低压接插件插头与插座连接进行排查，保证接插件的锁扣完好；电池托架的锁止机构进行排查，保证锁止机构的状态及紧固固定完好
	13	高压线路（含高压控制线路）	高压线路排列整齐，固定牢靠，不与运动部件干涉，与发热部件距离大于20 cm，不得有临时导线；各部件连接线绝缘层无老化和破损现象，套管完好；连接线铜接头无脱焊、松动、损裂和过热现象
	14	驱动电机	电机工作正常，无松动，无异常声音；低压连接接插件牢固可靠、无松动；电机进出水口紧固件无松动；冷却剂充足，冷却水路无折弯，无损伤；电机周边线束排列整齐，固定牢靠

5.1.2 日常维护

日常维护是以驾驶员在发车前、行车中及收车后的清洁、补给和安全检视为作业中心内容，由驾驶员负责执行的维护作业，请按表5-3所列内容执行。

表5-3 日常维护项目及相关要求

项目	序号	作业内容	技术要求
氢系统	1	连接点、排气口	无泄漏，管路、零部件、电器元件无松旷
	2	减压阀	检查低压端的压力
	3	氢气量	检查剩余氢气量，不足时需要及时加注
	4	空气滤清器	空气滤清器无堵塞，保持滤芯的清洁度
	5	电堆冷却剂电导率	用电导率仪检查电堆冷却剂电导率，以保证燃料电池的输出功率

5.1.3 一级维护

一级维护的周期是每间隔一定里程或时间（里程数从首次维护后开始计算），里程与时间两者先到为准。一级维护要求结合日常维护项目一并进行，当某个部件的一级和二级维护作业内容或要求不同时，请按表5-4所列内容执行。

表5-4 一级维护项目及相关要求

项目	序号	作业内容	技术要求
氢系统	1	电磁阀	所有电磁阀能够完全关闭，减压阀无慢升现象，压力表指针读数准确，球阀无内漏，温度、压力释放装置无漏气
	2	空滤器	拆下空气滤清器进行清洗
	3	冷却剂	检查电堆冷却剂导电性
电系统	4	整车控制器、驱动电机控制器	控制器支架各个固定件牢固可靠；控制器、绝缘子表面清洁、无灰尘；高低压连接线牢靠，无松动、无过热、无变色、护套无变形现象；控制器控制功能正常、指示灯功能正常、通信功能正常；散热风机运转正常，无异响，风机滤尘网罩清洁
	5	各类开关及熔断器	各部接插件接触良好；开关断、合动作灵活，无卡滞现象；表面清洁无积灰，接线螺母紧固；接插件内部无异物，接插件插合到位
	6	电源变换器（DC/AC、DC/DC）	各部件安装牢靠；电源变换器表面清洁；各部件连接线牢靠，无松动、过热、变形和变色现象；变换器控制、报警功能、通信和显示正常；散热风机运转正常，无异响，风机滤尘网罩清洁
	7	动力蓄电池内、外及电池托架	各紧固件螺栓、螺母无松动，正负极柱处的绝缘套完好，箱体正负极柱的紧固螺栓拧紧，力矩为30 N·m；电池内箱、外箱及电池托架完好，无损坏、裂缝、变形、腐蚀等；清洁电池内箱、外箱及两侧通风散热孔，无积尘、积水、杂物；电池托架与车身连接处螺栓拧紧力矩为90 N·m；四、六芯低压接插件插头与插座连接进行排查，保证接插件的锁扣完好；电池托架的锁止机构进行排查，保证锁止机构的状态及紧固固定完好
	8	高压线路（含高压控制线路）	高压线路排列整齐，固定牢靠，不与运动部件干涉，与发热部件距离大于20 cm，不得有临时导线；各部件连接线绝缘层无老化和破损现象，套管完好；连接线铜接头无脱焊、松动、损裂和过热现象
	9	驱动电机	电机性能稳定，工作正常，无异响和无松动；高低压线束连接线牢靠，无松动；电机冷却水路无漏水，管路紧固件无松动；电机冷却水泵和风扇工作正常，无异常声响；电机周围线束排列有序，固定牢靠；补充润滑脂。每次补充聚脲基脂7029 D（中国长城润滑脂）润滑脂20~25 g

5.1.4 二级维护

二级维护的周期是每间隔一定里程或时间（里程数从首次维护后开始计算），里程与时间两者先到为准。二级维护要求结合日常维护项目一并进行，二级维护的作业范围包含一级维护所有作业内容，当某个部件的一级和二级维护作业内容或要求不同时，请按表5-5所列内容执行。

表5-5 二级维护项目及相关要求

项目	序号	作业内容	技术要求
氢系统	1	更换防冻液	排放彻底，加注后液位在规定刻度范围内
	2	更换去离子器	拆下冷却管路中的去离子器，换上新的去离子器后，连接好管路
	3	更换空气滤清器	拆下空气滤清器和管路，把新的空气滤清器换上，连接好管路
电系统	4	整车控制器、驱动电机控制器	各部件安装牢靠；插接件插接良好；控制器、绝缘子表面清洁；各部件连接线牢靠，无松动、无过热、无变色、护套无变形现象；控制器控制功能、报警功能、通信功能在仪表上显示正常；控制器内的信息显示正常，无历史故障信息
	5	动力蓄电池	动力蓄电池系统绝缘电阻≥20 mΩ；单箱动力电池，箱体正负极与电池箱壳体之间：DC 1 000 V，≥20 mΩ
	6	驱动电机	电机性能稳定，工作正常，无异响和无松动；高低压线束连接线牢靠，无松动；电机冷却水路无漏水，管路紧固件无松动；电机冷却水泵和风扇工作正常，无异常声响；电机周围线束排列有序，固定牢靠；填充润滑脂约50 g，轴承无松动

5.1.5 特殊维护

特殊维护是指维护周期跨度较长的项目，根据行驶时间/里程进行维护内容及相关要求，请按表5-6所列内容执行。

表5-6 特殊维护项目及相关要求

项目	序号	作业内容	技术要求	保养周期
氢系统	1	检查过滤器	清洗过滤器	每间隔3个月
	2	检查氢气传感器	作为安全系统的一部分，校验传感器是必须要进行的维修活动，要记录传感器读数	每间隔30 000 km
电系统	3	驱动电机	电机性能稳定，工作正常，无异响和无松动；高低压线束连接线牢靠，无松动；电机冷却水路无漏水，管路紧固件无松动；电机冷却水泵和风扇工作正常，无异常声响；电机周围线束排列有序，固定牢靠；清洗轴承和泄水处理，检查轴承的径向游隙，若达到极限磨损游隙，应更换轴承	每间隔96 000 km

5.1.6 安全作业

1. 安全措施

在氢燃料电池组件运行中会存在一些导致人员伤亡或财产损失的风险。因此，在安装、使用和设备维修过程中需要采取谨慎的安全预防措施。

（1）通用安全措施。

任何维护氢燃料电池模块及其辅助系统的人员必须是技术上合格的或在电气设备和压缩/可燃气体方面有经验的。当操作氢燃料电池系统时，应把衣服上的珠宝、手表、戒指和金属物体，还有可能造成短路的物件放于别处。

当氢系统内有氢气时，绝对禁止对车体进行可能产生电火花的工作，当需要时，应用氮气置换完成后，才能操作。同时对车身和氢系统进行绝对地接地，地针入地深度不少于1 m。

（2）高温安全措施。

在正常运行时，MP30氢燃料电池模块和冷却剂输送系统的温度高达80 ℃，空气输送系统的温度高达150 ℃。避免在操作期间或之后不久接触外露部件。

（3）高压安全措施。

在维修氢燃料电池模块和辅助系统前，氢燃料电池的电压应该低于30 V DC。任何维护操作前，一定要检测残余电压。氢燃料电池模块必须在一个"隔离的电气系统"进行操作，保证无论是氢燃料电池高压的正极端，还是氢燃料电池高压的负极端都不能被连接到应用地面、泥土或底盘。

在维修氢燃料电池模块和其辅助系统前，确保高压电气系统断电，测量燃料电池在高压正极端与高压负极端之间的电压，测量燃料电池高压正极端与底盘及燃料电池高压负极端与底盘间的电压，数值须为0 V或接近0 V。对MP30采用加压气体，可能会产生危险。在打开任何线路或配件之前，请务必小心，确保电路是在解压状态下。

（4）高电压绝缘故障安全措施。

在正常情况下高电压输出端（正和负）与氢燃料电池模块的外壳和低压系统绝缘。如果绝缘在一个高压极上失效，在模块上工作的人触摸其他高压极或地面将会被一个致命性电流击中。如果两个高压电极同时出现故障且在这两个电极上的绝缘失效，高电压短路可导致非常高的电流量。高电流量会产生大量的热量，该热量随后可破坏电器和氢燃料电池系统，且可能会造成人员伤害。

所以需定期检查车辆绝缘电阻值，确保整车的绝缘监测系统是正常运行的，并确保在危险进一步恶化前，采取适当的措施消除危险。

绝缘电阻测试

注意： 危险和不安全的情况包括但不限于如下内容，应避免危险和不安全的情况。

①错误接地：用湿手处理导线、设备或站在潮湿的地面上。

②线束磨损，错误或不适当地连接线束。

2. 氢安全

氢是一种无色、无味和高度易燃气体。氢是无毒的，但是高浓度氢气环境下可能会导致窒息。因此，MP30模块不应在封闭的或不通风的区域进行操作。

氢气燃烧时为淡蓝色火焰，在白天不容易观察，可能会造成灼伤等，需注意安全。

由于氢浓度传感器存在退化的可能，会导致测量数据不准确或者失灵，作为预防性维护的部分，整车安装的氢浓度传感器必须定期检查。

挥发性有机化合物会导致氢浓度传感器退化，因此，应小心谨慎，避免暴露的可能。要尽力将传感器与污染隔离，因此建议将氢浓度传感器在车辆喷漆过程前拆除或做相关保护。

（1）管路保压检漏。

加入保压气体（高纯氮气或混合10%氦气），加压到35 MPa，静置5~10 min待气体温度下降，氢罐内压力稳定后，记录压力，观察0.5 h压降，压降在0~1 MPa内为正常，同时需用检漏液对管路所有接口检漏。

（2）置换。

置换时要尽量排空氢罐中气体，但不可排尽，防止空气回流（判断标准：用手堵住排气口，有轻微压力即可）。

用 H_2 置换氢罐中的气体（预充为 N_2），需3~5次，每次加压至3 MPa。

用 N_2 置换氢罐中的 H_2，需2次，每次加压至3 MPa。

注意：在每个氢气罐口电磁阀中心处有一个外六角阀头，初始时为关闭状态，管路保压时不需要打开，当需向罐中充入气体时，要将此阀打开，正常使用过程中此阀不需要再开关；如遇到氢罐口电磁阀故障且处于打开无法关闭的状态时，可用此阀头关闭氢罐出口（特别注意：此阀寿命仅有8次，开或关均为一次）。

（3）加氢气。

在任何有可能进入空气的情况下，要置换排出加气设备中的空气。

加氢设备、氢罐、车辆在加气过程中都需接地。

加氢过程中要做到防火、防静电。

加氢时，接好加氢枪后，再打开气源加气；加氢结束后，需先切断气源，排出加氢设备中的残余氢气后，再拔出加氢枪。

加氢前需对加氢设备进行检漏，加氢后，需对氢气系统进行检漏。

（4）氢系统压力。

氢系统需用工作压力范围为2~35 MPa，其中加氢口处压力表及高压管路处压力表与系统压力为同一数值，低压管路处压力表正常数值范围为0.8~1.0 MPa。

5.1.7 附件维护

附件保养项目的周期与要求，请按表5-7所列内容执行。

表5-7 各部件保养周期要求

序号	保养零件	检查/更换	首保/km	保养周期
1	冷却液	更换	20 000	1 000 h/40 000 km
2	冷却小循环过滤器	安全检查	5 000	500 h/20 000 km
3	去离子器	更换	20 000	1 000 h/40 000 km
4	空气滤清器	更换	5 000	500 h/20 000 km

序号	保养零件	检查/更换	首保/km	保养周期
5	空压机泵头	漏油检查	5 000	500 h/20 000 km
6	空压机皮带	皮带更换	5 000	500 h/20 000 km
7	系统悬置的 L 型支架	安全检查	5 000	500 h/20 000 km
8	系统悬置的减震垫	安全检查	5 000	500 h/20 000 km
9	检查有损坏或腐蚀迹象的所有线束	安全检查	5 000	500 h/20 000 km
10	检查接地故障监测器功能	安全检查	5 000	500 h/20 000 km

5.2 车载氢燃料电池系统故障排除

5.2.1 常见故障诊断及排除方法

常见故障诊断及排除方法如表 5-8 所示。

表 5-8 常见故障诊断及排除方法

序号	故障	故障现象	故障诊断	简单处理方法
1	全车没电	打开电源开关时，全车任何电器都不工作	后电器舱内的机械式电源总开关没有接通或损坏	将开关扳至接通位置，如损坏则更换
			电瓶舱内常火保险熔断	若熔断，更换同规格的保险
			电瓶没电	对电瓶补充充电；更换电瓶
		打开电源开关时，只有部分电器工作	后电器舱内的电磁式电源总开关工作不正常	如损坏，更换电源总开关
			电器盒电源挡保险片熔断	若熔断，更换相同规格的保险片
			电源总开关线路故障	排除总电源开关线路的短路或断路故障
2	仪表不显示	将点火开关旋转至 ON 挡，组合仪表无指示、报警灯不亮	点火继电器损坏	若损坏，更换点火继电器
			仪表电源保险片熔断	若熔断更换相同规格的保险片
			启动挡电源保险片熔断	若熔断需更换相同规格的保险片

序号	故障	故障现象	故障诊断	简单处理方法
3	无法起动	将点火开关旋转至起动挡，仪表无法显示 READY	起动路线故障	排除起动线路故障
			电瓶电压过低	对电瓶补充充电或更换电瓶
4	仪表报警灯常亮	起动车后，起步前或行驶中，STOP 故障指示灯常亮	车辆的机油、水温、气压等不在正常范围	排除相关故障，直到 STOP 故障指示灯熄灭，方可起步
5	起动后，DC/DC 不供电	仪表显示电压过低	检查 DC/DC 端输出电压，无电压或输出低于 26.9 V	检修 DC/DC 工作状态及线路
6	大灯不亮或全不亮	当开前大灯远光或近光时，灯光不亮或亮不全	线路故障	若损坏需更换
			前大灯灯泡损坏	若灯泡损坏，更换相同功率的灯泡
			大灯灯光线路故障	排除线路故障
7	加氢缓慢	一次加氢时间超过正常加氢时间	正常加氢时间一般 6 min 左右，或者因加氢枪流量不同，需多次观察确定时间	清洗或更换过滤器阀芯
8	加氢口压差过大	不能加到正常压力	一次加氢不能达到理想压力值	清洗或更换过滤器阀芯
9	燃料反应堆无法起动	车辆无法正常起动	使用电脑等专用工具读取故障码，参照氢燃料电池故障码表解决	尝试重新启动整车系统

5.2.2 车辆应急处理

车辆起火
应急处理

1. 关机

当车辆遇到紧急情况时，应先关闭钥匙，关机方法如下：将钥匙开关打到 OFF 挡、关闭蓄电池电源手柄总开关。

注意：进行高压元件维修、维护时，应关机且断开手动快断器并等待 10 min 以上方可进行，等待电量释放完毕。

2. 起火

（1）任何部位起火时，驾驶员首先将钥匙开关转到 OFF 挡，疏散乘客。

（2）如果发生起火，使用二氧化碳或干粉灭火器（推荐方法），在远距离使用高压水枪灭火（替代方法）。

注意：常规情况下，只能使用 CO_2 或其他干式化学灭火器，使用水可能会因为高压元件漏电而导致人体触电。如果人吸入电池起火造成的浓烟，会导致呼吸困难，应该立刻转移到新鲜空气环境中，并及时就医。

（3）如果是氢气泄漏造成的火灾，应先关闭钥匙，条件允许的情况下应先关掉氢气手动阀门，使用干粉或 CO_2 灭火器进行灭火。

3. 当车辆发生交通事故

（1）驾驶员应在能打开乘客门的情况下打开乘客门和双闪危险灯。

（2）将钥匙开关转到 OFF 挡，且有序地疏散乘客到安全区域。

（3）在情况许可时，关闭 24 V 手动电源开关和后舱内的氢气管路球阀。

（4）马上进行报警处理。

（5）在车后 100 m 处放置三脚架警告牌（具体距离要根据当时气候与当地法规）。

5.2.3 车辆防火注意事项

客车自身引发火灾的原因是多方面的，如电器故障、氢气泄漏、机械故障、操作因素，概括起来主要有以下几方面。

1. 电器系统起火原因及注意事项

电器、电路引起的火灾主要为电器线路或电器设备短路、接触不良、过载等原因引发，因此，要着重从以下几方面预防。

（1）注意在定期保养时检查电器线路固定点有无固定点松动及磨损、线路有无距运动部件过近及磨损情况，线束保护套有无破损、丢失情况，如有，立即检查是否有绝缘破损并采取紧固、加强保护等措施。

（2）定期检查线束与电气元件接触点是否有接触不良现象，如有，及时进行紧固。

（3）定期检查电器线路是否有与热源过近等情况。并注意检查线路绝缘层老化情况，如老化，注意更换线束。

（4）严禁私自改装、加装电路、电气设备等，避免电路过载及改装时线束外的绝缘层受到破坏，形成线路短路。

（5）严禁易燃物接近各类用电设备和接插件。

（6）电气元件更换时，要选取厂家认可正品配件的电子元件，避免伪劣电子元件因漏电导致火灾。

（7）定期检查并清理电气元件上面，尤其是接触点附近的灰尘、污染物等。要规范操作所有电气部件，必须定期检查、保养各类电气元件、线束固定点等。

（8）定期检查灭火弹引线及插件是否完好，压力是否指示正常，若压力指示到黄色区间，应立即更换。检查灭火弹本身外观是否完好并定期更换。检查仪表台灭火弹按钮指示灯是否正常点亮。

2. 氢气系统起火原因及注意事项

由于氢气占 4%~74% 的浓度时与空气混合时是极易爆炸的气体，且在热、日光或火花的刺激下易引爆，因此，如存在氢气大量泄漏或大量淤积无法顺利逸散时极易导致火灾，故在使用中须注意。

（1）车辆加注氢气时，要注意避免泄漏，一旦发生泄漏应立即停止加注，并及时处理泄漏问题。

（2）车辆运行中，如出现氢泄漏问题，根据泄漏情况采取不同措施，防止引起火灾：泄漏量较小，车辆报警提示，应在运行结束后立刻进行检修；泄漏量较大，车辆停止氢燃料电池工作，关闭氢瓶电磁阀，转为纯电模式运行，需要尽快回到维修点或空旷处等待维修后方可继续运行；泄漏量很大，车辆断开整车电源，停止运行，应立即设立警示、隔离设施，疏散附近人员，等待氢气泄漏完毕及维修人员修理。

（3）若涉氢系统起火，应立刻疏散附近人员，首先尝试关闭气源，若无法关闭，则立刻远离，等待氢气燃烧完毕，同时通知火警等待救援。不能立即切断气源时不允许熄灭正在燃烧的气体。有条件可以喷水，冷却燃烧点附近氢系统部件，防止火势扩散。灭火剂可以采用雾状水、泡沫、二氧化碳、干粉。

3. 高压电气系统防火注意事项

电器、电路引起的火灾主要为电器线路或电气设备短路、接触不良、过载、操作不当等原因引发，因此，要着重从以下几方面预防。

（1）严禁易燃物接近各类高压用电设备和线束连接件。

（2）严禁用水枪冲洗高压用电设备、高压舱、连接件等。

（3）严禁私自改装、加装电路、电气设备等，避免电路过载及改装时线束外的绝缘层受到破坏，形成线路短路。

（4）电气元件更换时，要选取厂家认可正品配件的电子元件，避免伪劣电子元件因漏电导致火灾。

（5）定期检查线束与电气元件接触点是否有接触不良现象，如有，及时进行紧固。

（6）检查高压舱有无异物或异常情况。

（7）行车中注意车是否有异响、异味，如有，立即停车检查，查明原因。

（8）观察充电插座防护端盖是否完好无破损，观察插座内部有无异物、积水，如果端盖损坏应及时进行更换，插座内有积水应用热风机吹干（不可直接用手触碰处理，以免触电）。

（9）检查快断器插合到位，无缝隙，防松脱装置处于锁止状态。

（10）检查支架无弯曲、变形、焊缝无开裂，固定螺栓平垫、弹垫完整，弹垫处于压平状态，用手晃动整个支架无晃动量和位移，如支架存在问题，应停止车辆运行修复或更换支架。

（11）检查高压线路是否有与热源（如打气泵）过近等情况，并注意检查线路绝缘层老化情况，如老化，注意更换线束。

（12）注意在定期保养时检查电器线路固定点有无固定点松动及磨损、线路有无距运动部件过近及磨损、线束保护套有无破损、丢失情况，如有，立即检查是否有绝缘破损并采取紧固，加强保护等措施。

（13）检查各类高压连接器件是否有松动、接触点是否有接触不良现象，如有，及时进行紧固；连接器部位电缆绝缘层是否有颜色、状态异变，如发黄、发黑、烧蚀等。

（14）定期检查并清理高压用电设备上面，尤其是接触点附近的灰尘、污染物等。要规范操作所有高压部件，必须定期检查、保养各类高压部件、线束固定点等。

（15）定期检查灭火弹引线及插件是否完好，压力是否指示正常，若压力指示到黄色区间，应立即更换。检查灭火弹本身外观是否完好并定期更换。检查仪表台灭火弹按钮指示灯是否正常点亮。

4. 车厢外部防火注意事项

车厢外部发泡材料着火的主要原因为材料长时间接触明火，导致材料阻燃性能失效，因此需从以下几方面预防。

（1）车辆行驶过程中应避开火源。

（2）在车辆出现故障需要对底盘、踏步下表面、前围封板等部位进行明火维修时，应提前将发泡材料去除，车辆维修结束后需要对清除发泡材料的部位重新喷涂发泡处理，发泡作业请联系厂家解决。

5. 车辆特殊防护措施

有些车（如飞驰 FSQ 6860 系列氢燃料电池城市客车）装备了自动切断功能的防护措施，当出现以下情况时，车辆会进行相应的保护措施。

（1）当车辆发生严重碰撞时，车辆会自动切断氢系统的主关阀体，从而降低氢气泄漏的概率。

（2）当车辆出现高压漏电或因碰撞产生的高压漏电时，车辆会自动切断电源开关，整车电路将处于无电状态。

5.3 任务实施

本节以飞驰 FSQ 6860 系列城市客车的氢燃料电池系统为例进行任务实施。

为了确保氢燃料电池城市客车安全使用及维护，相关人员在对车辆进行常规检修、维护、保养等操作时，必须先进行以下操作。

（1）关闭钥匙开关并取下钥匙。

（2）关闭总电源翘板开关。

（3）切断 24 V 电源总开关（红色手柄旋钮），切断高压（按操作规范拉下手动快断器）。

（4）关闭后舱氢气管路上的手动球阀，方可进行其他相关作业。

注意：高压元件的维护必须由持高压电工证的合格电工执行，并严格遵守电工安全操作规程进行。同时需要确保"四不允许"。

（1）不允许未经过专业训练的技术人员进行维护和保养。

（2）不允许在没有断电的情况下进行任何维护和保养。

（3）不允许非专业人员拆卸电机接线盒。

（4）不允许在刚刚断电进行维护，必须在断电 5 min 后方可进行维护。

1. 车辆维修场地的要求

（1）维修车间布局应是三面敞开式布局，自然采光，并利于局部泄漏氢气的自然释放。

（2）消防给水系统应采用独立的给水系统，采用临时高压制，维修车间设消火栓给水系统。

（3）维修车间的电气/照明设备要求防爆、防雷、防水。

（4）维修车间内应装置有氢气泄漏感应器。

（5）维修车间内的所有设施及施工人员的工服工具等均应有防静电功能。

（6）维修车间要配置能源站房（空压站）、压缩空气压力管道；压缩空气系统、空压站采用零气耗吸附式干燥机。

2. 维护要求及注意事项

（1）维护要求。

①高压电路的维护必须由持高压电工证的合格电工执行，并严格遵守电工安全操作规程进行。

②在系统进行维护前必须关闭高压电源。

③车辆所有橙色线为高压线束，非专业人士不能对高压线路、高压元件进行切割或打开。

④控制系统主控制器有直流电高压输入、输出线，专业维修人员维修时要切断高压电源开关，对高压电源进行检查维修时，必须佩戴绝缘手套和绝缘鞋、使用绝缘工具，在任何情况下不能同时接触储能系统的正负极。

⑤上电和断电操作注意事项：车上电打开钥匙，直到仪表灯点亮，自检正常后方可起动，禁止打开点火锁直接起动；断电时，必须等待仪表完全熄灭后，才能再次上电，不可短时间重复快速上电和断电。

⑥绝缘检测所需工具：1 000 V 兆欧表、800 V 万用表、1 000 A 钳表、绝缘工具、绝缘手套等。检测仪器需要确认工作良好方可使用，避免仪器内部问题导致高压事故。

⑦检查电机绝缘时，电机连接线要与主控制器分离，连接线要切断高压开关。

⑧对整车进行焊接时，必须断开 24 V 电源并拔掉电机的 VCU、ABS、CAN 模块、控制器所有接插件。

⑨在电机周围及底盘下进行作业时，必须断开点火钥匙。

⑩在进行一般维修作业时应严格防止高压线束的绝缘层破损漏电。

⑪在清洗车辆时，请避开高压元件，严禁用水直接冲洗高压元件。

⑫车辆在接通高压充电时，严禁操作人员在高压充电器和充电端口处从事各项操作和绝缘检测。

⑬绝缘检测时各负载中高压电容必须放电至零、动力电池组开关处于分离状态，不得连接高压充电机。

⑭如动力蓄电池箱已装车，必须拆下总的正、负母线端两箱电池后才能进行绝缘检测。

（2）注意事项。

a. 若仅对低压电器进行维护作业，且不需要行车时应把挡位开关打到空挡，然后可按一般燃气车方法进行；若仅对机械设备进行维修作业，应在关闭钥匙开关和电源开关状态下进行。

b. 在进行一般维护作业时应严格防止高压线束的绝缘层破损漏电。

c. 当进行维护作业需要对高压元件进行拆卸时请与厂家联系或由专业高压电工断开储能装置连接插头，切断高压电源后进行。

d. 在清洗车辆时，请避开高/低压元件，严禁用水直接冲洗高/低压元件及电动助力转向总成。

e. 各螺栓连接处的力矩要严格按照螺栓扭矩要求来执行。

f. 车载锂电池属于高压直流电源，维护时，具有很大的危险性，必须由专业维修人员操作，操作时只能用一只手或两只手同时接触锂电池的一个导电端子，身体的其他部位不能接触车身的金属部分（尽量选择戴绝缘手套操作），使用金属工具时，必须用绝缘胶布完全防护好工具把手的一端，防止工具成为短路导体，发生危险。

①电池系统。

a. 严禁在未采取绝缘防护措施时用双手同时触摸电池箱体的正负极柱。

b. 严禁擅自拆装电源系统总成中任一组成部件。

c. 严禁擅自拆装电池模块箱体和插拔高低压端子接插件。

d. 严禁对电池进行过放电、过充电。

e. 严禁用金属或导线同时接触电池模块的正、负极，造成短路。

f. 严禁将电池模块箱体作为承重台使用。

g. 严禁将电池模块与火源接触。

h. 动力蓄电池在充电过程中，如果出现异味、异常声响，请立即停止充电。

i. 动力蓄电池在行驶过程中，如果出现异味、异常声响，立即停止使用。

j. 如果出现上述现象，请与厂家联系，请勿私自拆卸，以防电池模块内部短路。

②电机及控制器。

当电机运行中发生以下情况时，应立即停机处理：发生人身触电事故；电动机或控制箱冒烟；电动机剧烈振动；电动机所带负载机械损坏；轴承剧烈发热；电动机发生窜轴、冲击、扫膛、转速突然下降等现象。

3. 车辆紧急处理

（1）关机方法。

当车辆遇到紧急情况时，应先熄火关机，关机方法如下。

按下"高压急断"翘板开关，将钥匙开关打到 OFF 挡、关闭手动电源开关及后舱氢气管路球阀。

注意： 维修、维护时应关机并等待 5 min 以上方可进行，原因是需要等待高压部件内置储能器件剩余电能释放完毕。

（2）起火处理。

任何部位起火时，首先关机，关闭电源。确认无危险的情况下拔掉高压快断器及关掉氢气管路球阀。如果电源（燃料电池或动力蓄电池）起火使用二氧化碳或干粉灭火器。

注意： 常规情况下，只能使用 CO_2 或干粉灭火器，使用水或泡沫可能会导致火势增大和危害增大。

4. 实施范例 1：空压机泵头检查

（1）准备检测维修工具：旋柄和六角套筒（8 mm），预置式扭矩扳手（5~25 N·m）。

（2）明确空压机泵头检修人员需求：具备基本拆卸装配能力。

（3）空压机泵头检修流程：将空压机出口接头拆下，检查出口接头、泵头叶片是否有油，如果无油，则重新装配好，如果有油，请联系厂家。

5. 实施范例 2：空压机皮带检查

（1）准备检测维修工具：旋柄和六角套筒（6/10 mm），预置式扭矩扳手（5~25 N·m），张力仪。

（2）明确空压机皮带检修人员需求：具备基本拆卸装配能力、能够测试皮带张紧力。

（3）空压机皮带主要检修流程如下。

①拆除皮带轮防护罩，拆下的螺栓做废弃处理。

②松开张紧轮，锁紧螺母，调整张紧轮上调节螺栓，松弛皮带。

③将皮带拆除。

④更换新的皮带重新安装。

（4）空压机皮带具体安装流程如下。

①顺时针旋转调节螺栓，将张紧轮调节至最松状。

②将空压机皮带套至空压机泵及空压机电机飞轮上。

③调整张紧轮上调节螺栓，使用张力仪测量张紧力，使其为 240~320 N。

④在 M10 螺栓上涂螺纹锁固胶，锁紧张紧轮上 M10 螺母。

⑤用张力仪测量皮带张紧力，调节张紧轮上螺栓，使张紧力在规定范围内。

⑥拧紧张紧轮锁紧螺母。

⑦重新安装皮带轮防护罩。

（5）空压机皮带轮防护罩具体安装流程如下。

①将皮带轮防护罩对准安装板相应孔位上。

②用 4 颗 M6×10 内六角三合一螺栓固定。

③用扭矩扳手拧到规定扭矩：9 N·m。

④用蓝色油漆笔作定力标记。

6. 实施范例 3：空气滤清器检查和更换

空滤检查和
更换

（1）将空气滤清器总成所有管路拆下。

（2）将空气滤清器总成拆下。

（3）将滤芯取出，检查滤芯内部是否有灰尘，判断是否需要更换，如只需清洁，则使用压缩空气机由内向外清除表面灰尘；如若需要更换，则将新空气滤清器总成放置到空气滤清器安装位置处。

（4）使用 21.5 N·m 定扭矩扳手、13 mm 套筒及 2 个 M8 法兰螺栓，按照规定扭矩将空气滤清器总成紧固到空气滤清器安装孔位置。

（5）将空气管—空气滤清器进风管连接到空气滤清器总成上，注意管路特征点（箭头）朝向，防止错装。

（6）使用 3.5 N·m 定扭矩扳手，7#套筒将 2 个喉箍 60~80 紧固。

（7）使用 1 个喉箍 60~80 将空气管—空气滤清器出风管连接到空气滤清器总成上。

（8）使用 1 个 R 型卡箍—70 法兰面自攻钉 M6×13 将空气管—空气滤清器出风管安装到车身骨架上。

（9）恢复空气滤清器总成连接管路。

7. 实施范例 4：电堆冷却剂导电性的检查

电堆冷却液
导电性检测

（1）检查膨胀水箱内或泄放口收集的防冻剂电导率。

（2）若电导率高于 20 μs/cm，则根据情况检查后，清洁冷却小循环过滤器或更换去离子器。

（3）清洁冷却小循环过滤器操作过程如下。

①准备检测维修工具：旋柄和六角套筒（7 mm），预置式扭矩扳手（0~10 N·m）。

②明确冷却小循环过滤器检修人员需求：具备基本拆卸装配能力。

③冷却小循环过滤器具体清洁流程如下。

a. 先将散热器上放水口拧开，将系统中的水放掉。

b. 将冷却管路（三通至节温器底座）拆除。

c. 将小循环过滤器从管路中取出。

d. 将拆下的小循环过滤器用去离子水清洗 1 min，至过滤器上附着杂质清洗干净。

e. 将清洗好的小循环过滤器装入冷却管路中。

f. 将冷却管路（三通至节温器底座）复原装配。

④小循环过滤器和管路具体安装流程如下。

a. 将冷却管路（三通至节温器底座）一端插入水泵出口，用喉箍 32～50 固定管路，用扭矩扳手拧到规定扭矩：5.5 N·m。

b. 将冷却管路（三通至节温器底座）另一端先插入冷却小循环过滤器，用喉箍 32～50 固定管路，用扭矩扳手拧到规定扭矩：5.5 N·m，并用蓝色油漆笔作定力标记。

c. 将冷却管路（三通至节温器底座）另一端插入入口分配头底座接口，用喉箍 32～50 固定管路，用扭矩扳手拧到规定扭矩：5.5 N·m，用蓝色油漆笔作定力标记。

d. 将冷却管路（水泵出口至三通）一端插入水泵出口三通，用喉箍 32～50 固定管路，用扭矩扳手拧到规定扭矩：5.5 N·m，用蓝色油漆笔作定力标记。

（4）去离子器检修操作过程如下。

①准备检测维修工具：旋柄+六角套筒（6/7 mm），预置式扭矩扳手（0～10 N·m）。

②明确去离子器检修人员需求：具备基本拆卸装配能力。

③去离子器更换具体流程如下。

a. 将与去离子器连接的管路拆除，固定喉箍废弃处理。

b. 拆下去离子器抱箍，原来装配螺栓废弃处理。

c. 将去离子器取下，更换新的去离子器。

d. 重新安装去离子器抱箍，固定去离子器。

e. 将与去离子器连接的冷却管路恢复安装。

④去离子器安装流程如下。

a. 在去离子器支架及去离子器抱箍上贴上减震海绵。

b. 将去离子器放入支架内，直头对着中冷器接口方向。

c. 用 4 颗 M6×20 内六角三合一螺栓固定去离子器抱箍在支架上。

d. 用扭矩扳手拧到规定扭矩：9 N·m。

e. 用蓝色油漆笔作定力标记。

8. 实施范例 5：更换冷却液

（1）通过车尾部的放水阀排空散热系统内的冷却液。

（2）排空冷却液后从放水阀通过水泵或直接从车顶膨胀水箱处对散热系统进行冷却液加注，要求加注冷却液电导率低于 5 μs/cm，加注冷却液，直到膨胀水箱内液位到达水箱最高水位线。

更换防冻液

（3）通过电脑控制水泵电机转动，排空散热系统管路内空气，在此过程中，如液位降低则及时补水。

（4）排空气体后，停止水泵，并加注冷却液，直到膨胀水箱内液位到达水箱最高水位线。

9. 实施范例6：校检氢气传感器

（1）起动车辆电源，使车载氢气传感器工作。

（2）连接 CAN 设备，查看需要检测的氢气传感器读数。

（3）使用2%浓度的氢气标气对车载氢气传感器进行检测，标气出口对准贴住传感器检测位置，开启标气，检查传感器读数与标气浓度是否一致。

校检氢气
传感器

10. 实施范例7：加氢作业

正常行驶中，为保障车辆的正常运行，建议保持仪表氢气量在10%以上，如接近限值，则需要进行氢气加注。

氢气加注的注意事项如下。

（1）氢气加注一般由加氢站进行操作，进站时应将车辆转换为纯电模式运行。

加氢作业

（2）进站后遵循加氢站相关规定，请勿吸烟及使用手机等移动设备。

（3）仪表数据记录完成后整车下电，关闭钥匙，并关闭低压电源总开关。

（4）观察加氢站的接地桩是否接地，车辆的导电带是否接地，如果都没有接地，不能进行加氢，必须两者接地时才能进行加氢操作。

（5）开启加氢口小门，及燃料电池舱门，陪同加氢站工作人员共同检查涉氢部件及车厢内是否存在氢气泄漏现象，如有，则须排查处理，检验合格后方可加氢。

（6）加氢结束后，关闭相关舱门，以纯电模式驶离加氢站后方可转换为混动模式运行。

（7）如加氢过程中发现加氢机内氢气压力与加注面板上压力表压力差值过大，或加注流量较低，应对氢系统上安装的过滤器进行检查，是否有杂质淤积、堵塞等，如有，须及时清理。

（8）氢气加注前，燃料电池必须先下电后方可关闭 24 V 手动电源开关手柄（见图 5-1）和后舱氢气管路球阀（见图 5-2）。

图 5-1　24 V 手动电源开关手柄

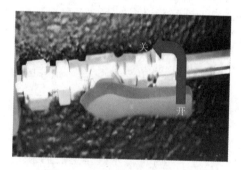

图 5-2　后舱氢气管路球阀

（9）不要携带火种和易燃、易爆物品进入加氢站范围内。驾驶员不得随意带无关人员进入加氢站。

（10）驾驶员在加氢期间不得随意挪用、损坏加氢站内的消防器材及安全设施。

（11）驾驶员在进入加氢站时，不得私自进行加氢操作。

（12）驾驶员不得穿拖鞋、高跟鞋、金属底鞋和赤脚进入加氢站。

（13）驾驶员在进入加氢站运行区域时，不得在操作区域内敲击碰撞设备和穿、脱、抖动衣服。

（14）加氢站防静电地极的接地电阻要求不大于 10 Ω。

11. 实施范例 8：充电作业

（1）检查充电机状态。

①充电机外壳无破损，无进水迹象，周围无杂物。

②充电机电源指示灯可正常点亮，故障灯不亮。

③充电机触摸屏正常显示可操作。

④充电线缆完好，无破损、无受潮。

⑤充电枪头完好，无异物，干燥无水渍。

⑥如果充电机连续使用，建议下次充电时使用另一把充电枪。

⑦雨雪天气，应加强对充电机和充电枪线是否浸水的检查力度，确保充电机和充电枪线干燥无水渍。

（2）检查车辆状态。

①车辆停稳钥匙下电，如果充电时间超过 1 h，建议车辆整车钥匙拔出并由专人保管，关闭车门并保持搭铁开关在闭合状态。

②低压机械电源总开关（见图 5-3）位于左后一舱，充电时不能关闭此开关。

图 5-3　低压机械电源总开关

③充电插座（见图 5-4）完好，无异物，干燥无水渍，充电插座通常安装在右后轮后或左后轮后带锁小舱门内，如图 5-5 所示。

图 5-4　充电插座

图 5-5　充电舱门

（3）充电操作流程。

①将1枪或2枪从充电柜（见图5-6）枪线固定架上取出。

图5-6　充电柜

②将选择枪线插入需要充电的客车，如图5-7所示，单击操作面板上的"开启"按钮。

图5-7　充电

③车辆充电柜上电并自检完毕后，系统进入充电主界面（见图5-8）。

图5-8　充电主界面

④自检完成后，车辆无故障，系统进入充电状态监控界面（见图5-9），注意1/2桩选择。

图5-9　充电状态监控界面

⑤充满电后或需要人工停止充电时，进入充电结束界面（见图5-10），可以单击"结算"按钮及人工刷卡结束本次充电。

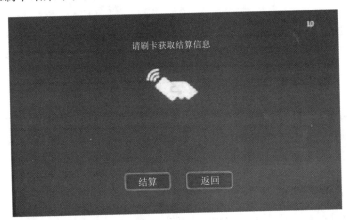

图5-10　充电结束界面

⑥握紧充电枪把手，拇指按下解锁按钮，左手托住枪体下端，均匀用力，将充电枪水平拔出。

⑦紧急情况下按下充电柜的红色急停开关，或将充电柜正下方的电源开关拨至OFF，关闭充电柜工作电源；将充电枪从客车的充电接口取出，放回充电柜，充电完成。

（4）充电安全注意事项。

①充电机的安装和接线必须由专业人员进行，且须取得国家相关作业证书，如低压电工证，接线需牢固可靠。

②充电位置附近严禁堆放易燃易爆物品，严禁占用应急通道。

③充电作业人员需要经过培训才能上岗，严禁无证上岗、作业，作业人员在充电时必须佩戴绝缘手套和穿绝缘鞋。

④充电前需要保证车辆高压电路无故障。如果充电时间超过1 h，建议车辆整车钥匙拔出并由专人保管，电源总开关钥匙拔出并由专人保管，电源总开关翘板开关（若有）关

闭，低压机械电源总开关关闭，否则有低压亏电风险，关闭车门，保持搭铁开关在闭合状态；充电接口干净，无水渍无灰尘；需要在充电位置放置有"充电危险，请勿靠近"等内容的警示牌，严禁非充电人员靠近。

⑤开启充电机前需要保证充电机连接无故障，牢固可靠，不存在缺相、短路等故障，线缆绝缘良好无破损；严禁使用锐利物体操作充电机。

⑥充电过程中严禁对车辆进行与充电无关的任何操作，不得检修车辆，不得移车，严禁拔出手动快断器，严禁挪动充电机。

⑦充电结束后必须先关闭电源才能拔出充电枪，且充电枪需要放到指定位置，注意防水、防尘；车辆充电插座盖子盖好；严禁带电插拔充电枪。

⑧充电设施周围配备干粉灭火器，并对相关操作人员进行使用方法培训，确保出现火灾或其他情况时操作人员能正确处理。

⑨严禁雨雪天气进行露天充电作业。

⑩严禁非专业人员随意打开充电机舱门，禁止用锐物在显示屏上进行操作。

（5）紧急情况处理。

①充电过程中若出现异响、冒烟等异常情况，应立即切断供电电源，通知专业人员维修处理。

②在充电场所出现火灾情况灭火时，应使用干粉灭火器或二氧化碳灭火器进行。

③在充电机出现操作无响应，故障报警，空气开关保护断开等工作异常时，应及时切断电源，通知专业人员维修处理。

12. 实施范例9：车辆起火应急处理

起火时，驾驶员首先将钥匙开关打到 OFF 挡，疏散乘客。条件允许的情况下应先关掉氢气手动阀门再进行灭火，若无法关闭，则立刻远离，等待氢气燃烧完毕，同时通知火警等待救援；若可以关闭且实际现场情况允许，可以按照以下方法进行灭火。

（1）利用自动灭火装置。

燃料电池舱及高压电池舱都安装有自动灭火装置，当舱体内的其他附件因高温或其他原因起火时，灭火弹（见图5-11）会自动开启并喷射出灭火剂，扑灭火焰。也可以打开仪表台上灭火弹手动开关盖并按下红色按钮，手动开启灭火弹灭火。灭火弹开关固定于仪表台上。

图5-11 灭火弹

手动开启灭火弹方法如下。(灭火弹手动开关布置在仪表台翘板开关附近，如图 5-12 所示。)

①用手掰开灭火弹蓝色开关按钮盖。

②按钮为此中间凸起部分，用力按下。此按钮可手动开启高压舱、电池舱等舱体内的灭火弹。

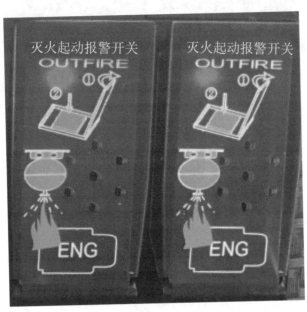

图 5-12　灭火弹手动开关

注意：手动起动开关，灭火弹均为一次性装置，起动后不能再恢复使用。

（2）利用干粉或 CO_2 灭火器。

①灭火器（见图 5-13）要定期检查，一般 1~1.5 年须更新，所以要注意灭火器的有效性。

图 5-13　灭火器

注意: 每次使用灭火器前,先肉眼观察罐体和把手有没有明显损坏。

②使用前需要找到拉栓,一般拉栓会有一个封条性的保护件,如图 5-14 所示。用力缓缓将保护件拉出,先不要丢弃或者扔掉。

注意: 该保护件一方面确保灭火器没用过,另一方面保证拉栓不容易自动脱落。

图 5-14 取下保护件

③从一侧将拉栓拉出,如图 5-15 所示,这样才能挤压把手。

注意: 拉栓也不要扔掉,它和灭火器罐体是连在一起的。

图 5-15 拉出拉栓

④如果惯用右手,就用右手提住灭火器把手、左手拿准喷头的橡胶底部(惯用左手则相反),不要捏住金属部分,也不要捏住橡胶前端,不然容易冻伤,如图 5-16 所示。

图 5-16　使用姿势

⑤紧接着，左手调准喷头方向，使其对准火苗根部；右手缓缓按压把手，自己注意掌握力度，直至火苗扑灭，如图 5-17 所示。

图 5-17　对准火苗根部

⑥火苗扑灭后，可以将拉栓再次插入把手阻挡孔中，然后将保护件插入拉栓中。

注意：灭火器内的燃料并不要求一次性用完，所以，用过后可以保存起来下次继续用。

拓展知识

1. 飞驰 FSQ 6860 燃料电池工作原理

燃料电池是一种电化学能量转化装置，它能将燃料的化学能连续不断地直接转化为电能，无碳排放，实现能源的可持续性。电化学反应过程如图 5-18 所示。其工作原理如下。

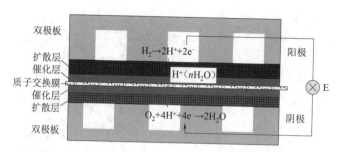

图 5-18　电化学反应过程

（1）氢气在阳极催化剂的作用下，发生下列阳极反应为

$$H_2 \longrightarrow 2H^+ + 2e^-$$

（2）氢离子穿过电解质到达阴极。电子则通过外电路及负载到达阴极。在阴极催化剂的作用下，生成水反应式为

$$4H^+ + 4e^- + O_2 \longrightarrow 2H_2O$$

（3）伴随着电池反应，电池向外输出电能，只要保持氢气和氧气的供给，该燃料电池就会连续不断地产生电能。

2. 燃料电池客车的工作过程

在城市公交路况上，行车过程中，根据驾驶员要求和车辆行驶状态，由整车控制器接收油门的信号，合理分配动力蓄电池和燃料电池的功率配比，并发送指令给燃料电池控制器，控制燃料电池的输出功率，供车辆行驶需求。

3. 燃料电池动力系统

由氢燃料电池系统产生电能，与动力蓄电池共同供电给电机，驱动车辆运行。动力蓄电池电量不足时，也可由燃料电池产生电能对动力蓄电池进行充电，并驱动车辆运行。动力蓄电池也可外接电网进行充电。如图 5-19 所示，系统采用永磁电机驱动技术，驱动形式为后轴驱动。

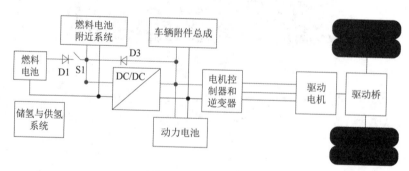

图 5-19　动力原理图

（1）氢系统。

车载氢系统，包括氢气储存设备、管路、进气部件，如图 5-20 所示。

车载氢系统分为三大子系统，分别为氢气加注系统、氢气储存系统、氢气供给系统。

①氢气加注系统由 TN_5 加注口、压力表、单向阀、加注面板等组成。

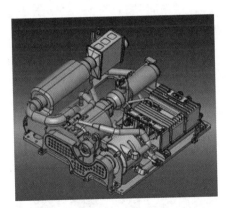

图 5-20　氢系统设备

②氢气储存系统由 4 个公称工作压力 35 MPa、公称水容积 140 L 的氢气罐（见图 5-21）组成，每个气罐上分别装有罐尾 PRD 和罐口组合阀。罐口组合阀内装有爆破片可以实现超压保护。罐口组合阀内部包含手动截止阀、电磁阀、易熔塞、爆破片。手动截止阀用来控制氢气的流入和流出。电磁阀可以自动、及时地控制氢气的流入和流出。易熔塞和爆破片的功能分别是当气罐内氢气温度和压力达到一定值并会影响到整车安全性时，泄放气罐内氢气，实现对气罐及整车的安全性保护。罐口组合阀上安装有过流阀，用于在氢气大量外泄时及时地关闭气源，限制气体泄漏速率。

图 5-21　氢气罐

③氢气供给系统由过滤器、主电磁阀、减压阀、安全阀、压力表、压力传感器、放散口及球阀等组成。过滤器用于过滤氢气中所携带的杂质，防止杂质对下游的零部件造成损坏；主电磁阀可以及时地控制氢气的流通，安全阀则可以将高压氢气减压至燃料电池所需要的力；安全阀的作用是当减压阀下游压力升高时可及时将多余的压力释放掉以保护下游的零部件。放散口用于系统在置换、维修保养时将不需要的氢气排出。

（2）燃料电池系统。

氢气反应装置，包括燃料电池、空气进气系统、电池冷却系统、主 DC 转换器等。

（3）整车控制器。

如图 5-22 所示，整车控制器的作用是解析司机操作，对整车进行全方位地协调控制。它是整车控制的中枢神经。

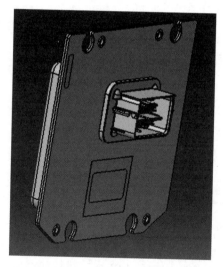

图 5-22　整车控制器

（4）各种高压控制器。

①驱动电机控制器功能：控制主电机，并接受整车控制器指令实现正反向驱动和能量回收功能。如图 5-23 所示是主电机控制器。

②DC/DC。

a. 低压 DC/DC 功能：将高压电转 24 V 低压供整车低压使用。

b. 高压 DC/DC 功能：将燃料电池发出的电能升压至动力蓄电池电压，给车辆高压部件供电。

③转向助力控制器功能：控制三相助力转向电机驱动转向泵，为整车转向提供助力。

④高压配电箱功能：主要控制整个高压系统供电逻辑，管理和协调混合动力高压系统中各零部件的正常运行，以使整车能够安全、正常地运行。

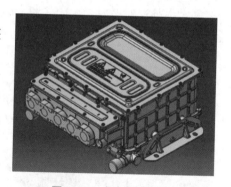

图 5-23　主电机控制器

（5）驱动电机。

驱动电机（见图 5-24），主要具备以下功能。

①驱动。

电机正转时驱动驱动桥向前行驶，但是滑行时车辆具有能量回收功能，加速结束后快速抬起油门，这样不浪费能量，还会对能量进行回收，给电池充电，补充电量（即电机正转，滑行发电）。

②倒车（即电机反转）。

③制动（即制动回馈发电）。

（6）动力电池。

作用为整车提供动力源，主要有以下两种。

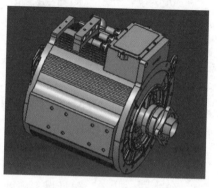

图 5-24　驱动电机

①锂离子动力电池（见图5-25）在整车起动及运行时为整车提供大功率电流，制动时回收更多能量。

②氢燃料动力电池（见图5-26）按整车需求，通过电化学反应为整车提供电能。

图5-25 锂离子动力电池

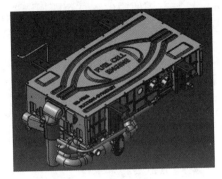
图5-26 氢燃料动力电池

（7）电动液压助力转向油泵（见图5-27），在左前轮前舱体内或左后轮后舱体内，与方向机协同工作，降低转动方向盘的力矩。

图5-27 电动液压助力转向油泵

（8）快断器（熔断器），在后部舱体上，高压部件维护时切断高压回路，对快断器操作时必须保证全车下电。

4. 车辆日常维护

（1）各种液位的检查。

①24 V低压蓄电池。

晚上收车后，务必关闭24 V红色手柄开关（位于车辆左后侧），否则会造成第二天早上24 V电量过低不能行车的情况发生。

②冷却液是否不足。

③风挡玻璃洗涤液是否充足。

（2）试车检查。

①检查轮胎气压，查看轮胎损伤和轮胎螺母紧固情况。

②检查气路管道有无漏气现象。

③指示器（包括仪表、指示灯）的功能是否正常。

④检查行驶状态和制动性。

（3）每天出车前，确保高低压电器及氢系统工作正常，从而保证行驶中乘客安全。

（4）夏季空调使用保养。每两周清洗空调滤网，以保证空调的制冷性能。

（5）为了安全起见，在进行车辆检修、维护、保养时必须进行以下操作，方可进行作业操作。

①关闭钥匙开关，取下钥匙，由作业人员随身保管。

②切断 24 V 电源总开关（红色手柄旋钮）和氢气管路手动球阀。

（6）若仅对低压电器进行维修作业且不需行车时应把挡位开关打到空挡，然后可按一般燃油车方法进行；若仅对机械设备进行维修作业应在关闭钥匙开关和电源总开关状态下进行。

（7）车辆所有橙色线为高压线束，非专业人士不能对高压线路、高压元件进行维护。

（8）在进行一般维修作业时应严格防止高压线束的绝缘层破损漏电，以及氢气泄漏。

（9）当进行维修作业，需要对高压元件进行拆卸时，请与厂家联系或由专业高压电工断开舱体内的手动快断器。

（10）在清洗车辆时，请避开高压元件，严禁用水直接冲洗高压元件。

（11）进行任何焊接操作之前，请断开 24 V 电源和快断器，并拔掉 CAN 总线模块、ABS 模块、整车控制器、电机控制器等低压连接线束，否则可能导致电控模块损坏，还有，要关闭所有氢气阀体的开关，以免氢气泄漏导致焊接时产生爆炸的危险。

5. 车辆其他常见故障处理

（1）踩油门车辆不行驶。

①观察仪表 READY 及挡位信号显示是否正确。

②确认后舱门是否开启，如关闭，即可行车。

③查看仪表电池电量，如果电池电量低于 25%，则需要起动燃料电池，原地发电将电量充到 40% 以上。

④检查氢气量及压力，查看氢气量是否低于 10%，压力是否低于 3.5 MPa。

⑤观察仪表是否有温度过高报警，若有报警信号，则检查冷却管路是否有堵塞或泄漏。冷却风扇、电动水泵是否工作。

⑥全车下电，重新上电并起动，进行相应的挡位操作后，再踩油门确认车辆是否正常行驶。

（2）打开仪表后仪表无任何显示。

①检查保险是否损坏。

②检查低压蓄电池手柄开关是否打开，检查蓄电池电压。

（3）驱动电机高温。

①检查水泵、散热风扇供电保险。

②检查冷却水箱表面是否遮挡或者脏污，影响散热，需要定期清理。

（4）集成式控制器指示灯指示异常。

若仪表显示 STOP，检查 24 V 低压是否亏电，如不亏电，则寻求厂家技术支持。

6. 使用与维护保养细则

（1）定期检查氢系统部件。正常运行中，每日对后舱及加氢口处氢气管路及压力表等部件进行检查，看是否有松动、泄漏，如有问题及时排除。每月使用检漏液或氢泄漏检测仪对氢系统所有接头、零部件进行检查，最好使用氢泄漏检测仪，检验可靠性较高，同时检查减压阀是否有慢升现象，压力表指针读数是否准确等。每3个月应检查一次过滤器，去除淤积的杂质等。

（2）该车辆的电源系统同时具备外接充电和行驶充电两种模式。

（3）当电源系统无高压输出，单体电池温度、电压数据等未上传至仪表时，请通知专业技术人员进行诊断，切勿擅自打开电池箱及电池管理系统主控制器。

（4）车辆长时间停放时，应保证仪表显示的电池电量（SOC）在30%~50%的状态，电池长时间放置存在微小自放电问题，放置时间与环境温度、湿度有关，一般1~2个月需要外接充电，在长时间放置过程中如果发现SOC低于20%需要马上充电，以防电池过放。另外电池搁置环境条件要通风、干燥、不受阳光直晒、不受雨淋、远离热源，同时，还应避免尖锐物体的撞击和挤压。

（5）车辆每运行1~2个月，需检查电池箱体之间连接的高压电缆有无擦伤、破损和金属外露，电池箱上各种紧固件是否松动，重点检查箱体后部固定高压正负极柱端是否有松动，各连接及定位和锁止机构是否正常，如发现故障应立即排除，发现箱体与托架的连接、定位和锁止机构出现异常，请与供应商联系，切勿擅自打开电池箱体。

（6）车辆每运行1~2个月，需检查电池托架与车身连接的固定螺栓是否有松动，绝缘状态是否正常。

（7）定期检查电池箱的正负极对电池箱壳体之间的绝缘电阻：使用兆欧表DC 1 000 V挡位，测得绝缘电阻≥20 MΩ。

（8）当电池长期不使用时，建议1~2个月进行一次补充电维护，用充电设备将电池充至SOC 100%，并行车或原地放电至SOC为80%~90%。

注意：①动力电源系统在行车使用时，若有单体电池电压过低警告，请及时返回充电站进行充电，避免对单体电池造成过放电。

②动力电源系统在行车使用时，若有单体电池温度超过55 ℃时，请停止使用，等待降温或采取风扇等措施进行冷却，待温度降至45 ℃左右后，方可继续行驶。

③严禁在未采取绝缘防护措施时触摸电池箱的正负极柱。

④严禁擅自拆装电池系统总成中任一组成部件。

⑤严禁对电池进行过放电、过充电。

⑥充电时严禁用其他物品覆盖在电池箱上，避免充电时产生的热量积累。

⑦严禁用金属或导线同时接触电池箱的正、负极，造成短路。

⑧严禁将电池箱作为承重台使用。

⑨严禁在电池舱和电池箱体周围覆盖任何物品及堵塞通风口。

⑩在安装、运输和使用过程中不得损坏电池箱上的高低压接插件。

⑪严禁用水冲洗电池箱体或将电池箱体浸泡在水中。

⑫严禁将电池箱与火源接触。

⑬如果道路积水超过30 cm，请勿冒险通过，以免浸泡电池箱。

7. 燃料车辆存放和维护保养

（1）存放及维护周期要求。

①氢燃料车辆须存放在通风良好、空旷的地方，存放位置要远离热源、火源、腐蚀性气体、潮湿的地方，同时还应避免尖锐物体的撞击、挤压。车辆以氢气存储量为30%以下存放。

②日常巡视：每两周钥匙起动一次，检查仪表读数，检查电池电量SOC值，如果SOC低于30%需立即安排出库进行外接充电，充电量根据转场电耗推算，保证入库关机时整车SOC介于30%~80%。

③车辆充电及维护期间，应有专人监控看护，如遇异常问题及时通知专业人员处理。

④预期存放时间超过两周的车辆应断开整车快断器和关闭氢系统所有阀体，并由专人妥善看管。

⑤禁止雷雨天气在露天场所给氢燃料车辆外接充电。

（2）充电检查操作步骤。

①在所有操作前确保低压24 V手柄开关、总火、钥匙开关处于断开状态。

②插上整车快断器。

③依次打开低压24 V手柄开关、总火、钥匙打到ON挡。

④观察仪表动力电池SOC显示是否正常、是否有单体电池电压过低报警或其他报警信息，如出现SOC为0、单体电池电压过低报警或其他报警任一问题，请第一时间记录车工号，然后通知专业售后人员，由售后人员确认处理方法。

8. 车辆存放及电池使用说明

为了保证车辆长期可靠、经济运行，请仔细阅读并遵守以下使用说明。

（1）出车前检查仪表显示。

①SOC值低于30%时，氢气量低于20%时不建议出车，应充电至50%~80%和加氢到50%以上后方可出车。

②仪表状态信息正常，无报警内容。

（2）正常运营车辆使用说明。

正常运营车辆保证1~2个月一次满充电。满充电后充电界面显示充电完成，未显示充电完成前不能拔枪。

（3）例行保养操作说明。

在进行例行保养操作前，需要观察仪表，SOC是否为25%~40%。若SOC小于25%，则先充电至SOC为25%~40；若SOC大于40%，则行车放电至SOC为25%~40%。

①将车辆开至保养场地，要求：不可远离充电场所，以便保养完成后及时补电。

②维护完成后需进行一次满充电。满充后充电机界面显示充电完成，未显示充电完成前不能拔枪。

（4）久放不用车辆存放要求。

①存放环境要求：要通风、干燥、空旷位置、远离热源。

②建议长期存放前的SOC值区间应为50%~80%，氢气量区间为7%~10%。

③存放每间隔两个月需进行一次满充电，满充后充电机界面显示充电完成，未显示充电完成前不能拔枪（具体操作步骤请参照《直充电操作规范》）。满充电后请保持至SOC

50%~80%存放。

④久放车辆（超过两周）首次使用前需进行一次"例行保养"。

注意：如果车辆存放的环境是密封干燥的，一定要把氢气罐内的氢气排放至低压（压力低于3.5 MPa）状态，而且要关闭氢系统的所有阀体。

实训工单

实训参考题目	汽车氢燃料电池维护		
实训实际题目	由指导教师根据实际条件和分组情况，给出具体实训题目，包括实训车型、具体实训项目、实训内容等。维护项目以场地、工具设备进行布置，氢能源汽车维修工具设备及高压安全防护用具使用，车载氢燃料电池系统进行现场日常维护，故障诊断和维修为主，根据分组情况可以分配不同的部件进行检测		
组长		组员	
实训地点		学时	日期
实训目标	（1）能够对氢能源汽车维护前的场地、工具设备进行布置。 （2）能娴熟使用氢能源汽车维修工具设备及高压安全防护。 （3）具备在工作现场对车载氢燃料电池系统进行现场日常维护、故障诊断和维修的能力。 （4）能独立完成对实训车辆氢燃料电池系统的维护		

一、接受实训任务

一辆实训车到达工作现场，需要对车载氢燃料电池系统进行日常维护。根据实际的维护周期，判定维护项目，并进行具体项目实施。当燃料电池系统工作异常时，需要结合《车辆维护手册》进行检修

二、实训任务准备（以下内容由实训学生填写）

（1）实训车辆登记。

车型：＿＿＿＿＿＿＿＿＿；车辆的识别代码：＿＿＿＿＿＿＿

（2）实训车辆里程数：＿＿＿＿＿＿＿＿＿。

（3）实训车辆检查。有无刮痕痕迹：□无 □有；仪表能否正常显示：□能 □否

　　　　　　　　　能否正常行驶：□能 □否；有无其他缺陷：□无 □有

（4）故障灯检查。有无故障灯：□无 □有

（5）实训车辆模拟检测项目：＿＿＿＿＿＿＿＿＿＿＿＿＿＿＿＿＿＿。

（6）实训车辆模拟维护项目：＿＿＿＿＿＿＿＿＿＿＿＿＿＿＿＿＿＿。

（7）实训车辆检测与维护资料是否完整：□完整 □不完整（原因：＿＿＿＿＿＿）

（8）对氢燃料电池汽车的基础知识是否熟悉：□熟悉 □不熟悉

（9）本次实训需要的安全防护用品准备情况：□齐全 □不齐全（原因：＿＿＿＿＿）

（10）本次实训需要的专用仪器设备准备情况：□齐全 □不齐全（原因：＿＿＿＿＿）

（11）本次实训所需时长约：＿＿＿＿＿＿＿＿＿＿＿＿。

（12）实训完是否需要检验：□需要 □不需要

（13）其他准备：＿＿＿＿＿＿＿＿＿＿＿＿＿＿＿＿＿＿

三、制订实训计划（以下内容由实训学生填写，指导教师审核）

（1）根据本次汽车氢燃料电池维护实训任务，完成物料的准备

完成本次实训需要的所有物料			
序号	物料种类	物料名称范例	实际物料名称
1	实训车辆	实训用氢燃料汽车一辆	
2	安全防护用品	护目镜	
		手套	
		安全帽	
		二氧化碳/干粉灭火器	
3	专用仪器设备	绝缘测试仪	
		电导率检测仪	
		氢浓度检测仪	
		加氢设备、氢罐	
		专用多功能万用表	
		RDU 诊断工具	
		专用拆装工具	
		张力仪	
4	资料	《车辆维护手册》	

（2）根据检测规范及要求，制定相关操作流程

检测与维护操作流程		
序号	作业项目	操作要点

（3）根据实训计划，完成小组成员任务分工			
操作员（1人）		客户（1人）	
协作员（若干人）		记录员（1人）	

操作员负责检测与维护具体实训内容的操作，客户负责检测与维护具体实训内容结果的验收，协作员负责协助操作员完成检测与维护具体实训内容的操作，记录员做好检测与维护具体实训内容的记录

（4）指导教师对制订实训计划的审核

审核意见：

　　　　　　　　　　　　　签字：　　　　　　　年　　月　　日

四、实训计划实施

（1）从进入实训场地开始，到实训结束，完整记录实训过程的详细实施步骤、实施内容和实施结果。例如：实际步骤1，实施内容是准备好实训车辆，实施结果是把实训车辆放置在正确位置；实施步骤2，实施内容是做个人防护，实施结果是做好安全防护、正确佩戴防护用具

实施步骤	实施内容	实施结果

（2）实训结论

维护项目	维护工具	结果	备注
空压机泵头检查			
空压机皮带检查			
空气滤清器检查和更换			
电堆冷却剂导电性的检查			
更换防冻液			
校检氢气传感器			
氢气加注			
充电操作			

续表

五、实训小组讨论

讨论1：车载氢燃料电池系统维护一般包括哪几类？

_____

_____

_____

_____

讨论2：在进行氢燃料电池系统保养时的安全措施有哪些？

_____

_____

_____

_____

讨论3：车载氢燃料电池系统常见故障诊断及排除方法主要有哪些？

_____

_____

_____

_____

讨论4：在进行车载氢燃料电池系统维护时必须先进行的操作、对车辆维修场地的要求和注意事项是什么？

_____

_____

_____

_____

_____

讨论5：如果车辆起火，应如何处理？

_____

_____

_____

_____

_____

六、实训质量检查		
请实训指导教师检查本组实训结果，并针对实训过程中出现的问题提出改进措施及建议		
序号	评价标准	评价结果
1	实训任务是否完成	
2	实训操作是否规范	
3	实施记录是否完整	
4	实训结论是否正确	
5	实训小组讨论是否充分	
综合评价	□优　　□良　　□中　　□及格　　□不及格	
问题与建议	问题： 建议：	

实训成绩单

项目	评分标准	分值	得分
接受实训任务	明确任务内容，理解任务在实际工作中的重要性	5	
实训任务准备	实训任务准备完整	10	
	掌握氢燃料电池汽车的基础知识	5	
	能够正确识别氢燃料电池汽车的关键部件	5	
制订实训计划	物料准备齐全	5	
	操作流程合理	5	
	人员分工明确	5	
实训计划实施	实训计划实施步骤合理，记录详细	15	
	实施过程规范，没有出现错误	15	
	能够对实训得出正确结论	10	
实训小组讨论	实训小组讨论热烈	5	
	实训总结客观	5	
质量检测	学生实训任务完成、实训过程规范、实施记录完整、结论正确	10	
实训考核成绩		100	

七、理论考核试题	成绩:

（一）名词解释（每题 5 分，共 20 分）

（1）一级维护。

_____

_____

_____

_____

_____

_____

（2）电源变换器。

_____

_____

_____

_____

_____

_____

（3）整车控制器。

_____

_____

_____

_____

_____

_____

（4）去离子器。

_____

_____

_____

_____

_____

_____

（二）简答题（每题 5 分，共 80 分）

（1）车载氢燃料电池系统维护一般包括哪几类？

（2）在进行氢燃料电池系统保养时的安全措施有哪些？

（3）简述如何确保氢安全。

（4）简述线束及管路的日常检测流程。

（5）简述绝缘电阻校准检查流程。

_____

_____

_____

_____

_____

_____

（6）车载氢燃料电池系统常见故障诊断及排除方法主要有哪些？

_____

_____

_____

_____

_____

_____

_____

（7）如何进行车辆应急处理？

_____

_____

_____

_____

_____

_____

_____

_____

（8）车辆防火注意事项有哪几个方面？请分别简要阐述。

_____

_____

_____

_____

_____

_____

_____

_____

（9）在进行车载氢燃料电池系统维护时必须先进行的操作是什么？

（10）在进行车载氢燃料电池系统维护时对车辆维修场地的要求是什么？

（11）在进行车载氢燃料电池系统维护时的要求及注意事项是什么？

（12）分别阐述车辆在不同情况下的紧急处理方法。

续表

（13）简述氢气加注的注意事项。

_____

_____

_____

_____

_____

（14）阐述车辆的充电流程及注意事项。

_____

_____

_____

_____

_____

（15）如果车辆起火应如何处理？

_____

_____

_____

_____

_____

（16）飞驰 FSQ 6860 燃料电池工作原理是什么？

_____

_____

_____

_____

_____

实训考核成绩		理论考核成绩	
综合考核成绩		指导教师签字	

参 考 文 献

［1］ 山东氢谷新能源技术研究院. 氢燃料电池汽车安全设计［M］. 北京：机械工业出版社，2023.

［2］ 山东氢谷新能源技术研究院. 氢能与燃料电池产业概论［M］. 北京：机械工业出版社，2023.

［3］ 山东氢谷新能源技术研究院，佛山环境与能源研究院. 制氢技术与工艺［M］. 北京：机械工业出版社，2024.

［4］ 山东氢谷新能源技术研究院，上海氢能利用工程技术研究中心. 加氢站技术规范与安全管理［M］. 北京：机械工业出版社，2023.

［5］ 中华人民共和国国家标准 GB/T 29123—2012 示范运行氢燃料电池电动汽车技术规范［S］. 北京：中国标准出版社，2012.

［6］ 中华人民共和国国家标准 GB/T 29124—2012 氢燃料电池电动汽车示范运行配套设施规范［S］. 北京：中国标准出版社，2012.

［7］ 中华人民共和国国家标准 GB/T 28816—2020 燃料电池 术语［S］. 北京：中国标准出版社，2020.

［8］ 中华人民共和国国家标准 GB/T 26990—2023 燃料电池电动汽车 车载氢系统技术条件［S］. 北京：中国标准出版社，2023.

［9］ 山东省地方标准 DB37/T 4060—2020 氢燃料电池电动汽车运行规范［S］. 山东：山东省工业与信息化厅，2020.

［10］ 中国节能协会团体标准 T/CECA-G 0079—2020 燃料电池电动汽车燃料加注协议［S］. 北京：中国节能协会，2020.

［11］ 中华人民共和国国家标准 GB/T 20042.1—2017 质子交换膜燃料电池 第 1 部分：术语［S］. 北京：中国标准出版社，2017.

［12］ 中华人民共和国国家标准 GB/T 42855—2023，氢燃料电池车辆加注协议技术要求［S］. 北京：中国标准出版社，2023.

［13］ 汤浩，刘煜，宋亚婷. 氢储能-燃料电池技术的经济性及应用前景分析［C］//国际清洁能源论坛（澳门）. 国际氢能产业发展报告（2017）. 中国东方电气集团有限公司中央研究院能量转换中心；电子科技大学；中国东方电气集团有限公司，2017：21. DOI：10.26914/c.cnkihy.2017.011330.

［14］ 王菊，伦景光，于丹，等. 燃料电池汽车技术研发示范动态和发展趋势［C］//全国智能交通系统协调指导小组，全国清洁汽车行动协调领导小组，中国智能交通协会，深圳市人民政府. 第五届中国智能交通年会暨第六届国际节能与新能源汽车创新发展论坛优秀论文集（下册）——新能源汽车. 中国汽车技术研究中心；清华大学汽车工程系；北京公交总公司，2009：7.

［15］汪丛伟，周帅林，洪学伦，等．燃料电池汽车及氢源的发展现状和预测［C］//中华人民共和国科学技术部，中国科学技术协会，中国太阳能学会氢能专业委员会，国际氢能协会．第二届国际氢能论坛青年氢能论坛论文集．中科院大连化学物理研究所；中科院大连化学物理研究所；中科院大连化学物理研究所；中科院大连化学物理研究所，2003：8．

［16］张迪．安全性——燃料电池技术推广面临的首要问题［C］//中华人民共和国科学技术部，中国科学技术协会，中国太阳能学会氢能专业委员会，国际氢能协会．第二届国际氢能论坛青年氢能论坛论文集．清华大学核能设计技术研究院，2003：2．

［17］孙巍．燃料电池的新进展——汽车氢能技术［C］//中华人民共和国科学技术部，中国科学技术协会，中国太阳能学会氢能专业委员会，国际氢能协会．第二届国际氢能论坛青年氢能论坛论文集．清华大学核能技术设计研究院，2003：3．

［18］郑皓天，张岳秋，郝冬，等．燃料电池汽车车载氢系统安全性测评技术分析［J］．汽车零部件，2023（10）：6-10+16.DOI：10.19466/j.cnki.1674-1986.2023.10.002．

［19］朱杰．氢燃料电池公交车的技术使用与管理［J］．城市公共交通，2023（10）：27-28．

［20］李慧敏，涂淑平．中国氢燃料电池技术发展现状、挑战及对策［J］．现代化工，2023，43（11）：5-9.DOI：10.16606/j.cnki.issn0253-4320.2023.11.002．

［21］张颖．氢能发展迎来机遇 燃料电池核心技术仍待突破［J］．汽车与配件，2023（14）：4．

［22］李学超．氢燃料电池汽车发动机技术分析［J］．汽车测试报告，2023（13）：140-142．

［23］姜大乾．车用燃料电池技术分析［J］．科技资讯，2023，21（09）：52-55.DOI：10.16661/j.cnki.1672-3791.2209-5042-9891．

［24］王存平，李洪涛，王兴越，等．400kW 氢燃料电池供电保障发电车结构与功能设计［J］．科技和产业，2023，23（17）：260-265．

［25］王继来．高功率密度氢燃料电池电堆关键技术研究．山东省，山东大学日照智能制造研究院，2022-12-23．

［26］殷卓成，王贺，段文益，等．氢燃料电池汽车关键技术研究现状与前景分析［J］．现代化工，2022，42（10）：18-23.DOI：10.16606/j.cnki.issn0253-4320.2022.10.004．

［27］赵艺阁，胡俊华，曲睿．氢燃料电池虚拟仿真实验教学平台设计与开发［J］．科技创新与应用，2022，12（28）：91-95.DOI：10.19981/j.CN23-1581/G3.2022.28.023．

［28］侯绪凯，赵田田，孙荣峰，等．中国氢燃料电池技术发展及应用现状研究［J］．当代化工研究，2022（17）：112-117．

［29］刘剑，白学萍．氢燃料电池客车自带电解水制氢技术探讨［J］．客车技术与研究，2022，44（04）：1-4.DOI：10.15917/j.cnki.1006-3331.2022.04.001．

［30］仲蕊．燃料电池技术革新推动氢能产业发展［N］．中国能源报，2022-08-01（010）.DOI：10.28693/n.cnki.nshca.2022.001632．

［31］魏学哲，王学远，王超．氢能及质子交换膜燃料电池动力系统［M］．北京：机械工业出版社，2024．

［32］国联汽车动力电池研究院有限责任公司．中国汽车动力电池及氢燃料电池产业发展

年度报告 2022—2023 年［R］. 北京：机械工业出版社，2023.

［33］衣保廉，俞红梅，侯中军，等. 氢燃料电池［M］. 北京：化学工业出版社，2021.

［34］毛宗强，等. 氢安全［M］. 北京：化学工业出版社，2020. 11.

［35］吴朝玲，李永涛，李媛，等. 氢气储存和输运［M］. 北京：化学工业出版社，2021.

［36］毛宗强，毛志明，余皓，等. 制氢工艺与技术［M］. 北京：化学工业出版社，2018.

［37］李箐，何大平，程年才，等. 氢燃料电池 关键材料与技术［M］. 北京：化学工业出版社，2024.

［38］［丹］本特·索伦森（Bent SOrensen）. 氢与燃料电池 新兴的技术及其应用（原书第 2 版）［M］. 隋升，郭雪岩，李平，等译. 北京：机械工业出版社，2019.

［39］李星国，等. 氢与氢能（第二版）［M］. 北京：化学工业出版社，2022.

［40］郑欣，郭新良，张胜寒，等. 氢能源及综合利用技术［M］. 北京：化学工业出版社，2023.

［41］魏蔚，胡忠军，严岩，等. 液氢技术与装备［M］. 北京：化学工业出版社，2023.

［42］［丹］本特·索伦森（Bent S rensen），［意］朱塞佩·斯帕扎富莫. 氢与燃料电池 新兴的技术及其应用（原书第 3 版）［M］. 郭雪岩，等译. 北京：机械工业出版社，2024.

［43］黄国勇. 氢能与燃料电池［M］. 北京：中国石化出版社，2020.

［44］帕斯夸里·科尔沃（Pasquale Corbo）. 车用氢燃料电池［M］. 张新丰，译. 北京：机械工业出版社，2019.

［45］中华人民共和国国家标准 GB/T 24554—2022 燃料电池发动机性能试验方法［S］. 北京：中国标准出版社，2022.

［46］中华人民共和国国家标准 GB/T 4208—2017 外壳防护等级（IP 代码）［S］. 北京：中国标准出版社，2017.

［47］中华人民共和国国家标准 GB/T 24548—2009 燃料电池电动汽车 术语［S］. 北京：中国标准出版社，2009.

［48］中华人民共和国国家标准 GB 14023—2022 车辆、船和内燃机无线电骚扰特性 用于保护车外接收机的限值和测量方法［S］. 北京：中国标准出版社，2022.

［49］中华人民共和国国家标准 GB/T 17619—1998 机动车电子电器组件的电磁辐射 抗扰性限值和测量方法［S］. 北京：中国标准出版社，1998.

［50］美国机动车工程师学会团体标准 SAE J2578—2014 通用燃料电池车辆安全性用推荐实施规程［S］. 美国：美国汽车工业的专业标准委员会，2014.

［51］中华人民共和国国家标准 GB/T 38914—2020 车用质子交换膜燃料电池堆使用寿命测试评价方法［S］. 北京：中国标准出版社，2020.

［52］中华人民共和国国家标准 GB/T 27748. 2—2022 固定式燃料电池发电系统 第 2 部分：性能试验方法［S］. 北京：中国标准出版社，2022.

［53］中华人民共和国国家标准 GB/T 31486—2015 电动汽车用动力蓄电池电性能要求及试验方法［S］. 北京：中国标准出版社，2015.

［54］中华人民共和国国家标准 GB/T 43254—2023 电动汽车用驱动电机系统功能安全要求及试验方法［S］. 北京：中国标准出版社，2023.

［55］中华人民共和国国家标准 GB/T 18488—2024 电动汽车用驱动电机 ［S］. 北京：中国标准出版社，2024.

［56］中国汽车工业协会团体标准 T/CAAMTB 12—2020 质子交换膜燃料电池膜电极测试方法 ［S］. 北京：中国汽车工业协会，2020.

［57］中华人民共和国国家标准 GB/T 29838—2013 燃料电池模块 ［S］. 北京：中国标准出版社，2013.

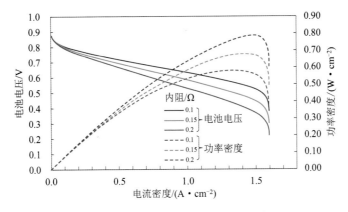

图 3-50　燃料电池的电压—电流曲线分布(一)

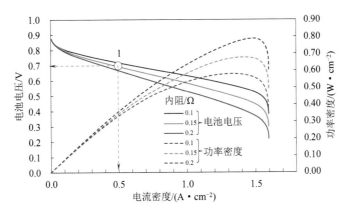

图 3-51　燃料电池电压—电流曲线分布(二)

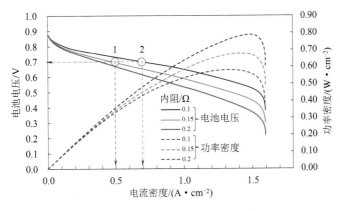

图 3-56　燃料电池电压—电流曲线分布(三)